スペンサー・R・ワート

温暖化の〈発見〉とは何か

増田 耕一
熊井ひろ美
共訳

みすず書房

THE DISCOVERY OF GLOBAL WARMING

by

Spencer R. Weart

First published by Harvard University Press 2003

凡例

一、本邦訳の底本は *The Discovery of Global Warming* , by Spencer R. Weart（Harvard University Press 2003, Hardcover edition）である。

一、原著者による注記と本文との対応は、章ごとに、文中の該当箇所に（1）のように番号をふって示し、その内容は巻末「原注」にまとめた。

一、訳注は本文中に〔 〕で括って示した。やや詳細な訳注は傍注とし、本文中の対応する箇所を＊で示した。また、書名は『 』で括って示した。

一、人名の原表記は索引に示した。

目次

序文

ある日、気候変化の可能性に関する論文を調べるのに何時間も費やしたのちに徒歩で帰宅の途についた私は、通りに並ぶ美しいカエデの木々に目をとめて、ここはカエデの分布範囲の最南端に近いのではないかと思った。するとたちまち、頭の中に枯れたカエデの様子が浮かんできた――地球温暖化によって枯れてしまったカエデが。

本書は、そういったことを科学者がどういう経緯で想像するようになったかという歴史、つまり気候変化の科学の歴史である。希望に満ちた本だ。少数の人々が、工夫と粘り強さと少しばかりの運によって、ある重大な問題をその影響がまだ現れる前に理解することになった経緯が語られている。さらに、ほかの大勢の人々が、状況が我慢できないものになるまでぐずぐずと引き延ばす昔ながらの習慣に逆らい、解決策を考える作業に取り組みはじめた経緯が語られている。実際に、無理のない努力によって地球温暖化を許容範囲にとどめる方法が存在するのだ。私の帰り道に生えている木はアメリカハナノキだった。これは強い品種なので、今後数十年にわたって私たちが適切な行動を選択すれば、きっと生き延びるはずだ。

人類が未来にどう行動したらよいかは、私の主題ではない。本書は、私たちがどのようにして現在の状況にたどりついたのか（そしてその事実を理解するに至ったか）の歴史なのだ。何十年もの間、人間が天候をいかにして変えうるかを把握するための長い苦闘は、目立たない努力だった。この問題を追求していたのは少数の個人だけで、ふだんから接している同僚以外にはほとんど知られていなかったからだ。それでも彼らの物語は、私たちの文明の未来にとって、政治、戦争、社会変動のいかなる歴史とも同じくらい重要だと言えるかもしれない。

もしも、自分の家にシロアリが入り込んでいることに気づき、家の屋根が落ちそうになっていたら、行動を起こさなければならないとわかるはずだ。地球温暖化の発見は、そのようにはっきりしたものではなかった。一八九六年、孤独なスウェーデン人科学者が地球温暖化を発見した――理論上の概念として。ほかの専門家の大半は、信じがたいと断言した。一九五〇年代、カリフォルニアの少数の科学者が地球温暖化を発見した――起こりうる出来事として。遠い未来にもしかしたら生じるかもしれない危険として。二〇〇一年、世界中の何千人もの科学者を集めた並外れた組織が地球温暖化を発見した――すでに天気にはっきりとした影響を与えはじめていて、さらに悪化しそうな現象として。そのときようやく、シロアリ検査の報告書が受け取られたのだ。だがそれは、山積みになった乱雑な書類のいちばん上にある項目にすぎず、あまりにも不確実で混乱した記録であるため、この問題を耳にした大半の人々は自分たちがどうすべきなのか（たとえすべきことがあるとしても）いまだにわからずにいる。

私たちは困難な決断を下さなければならない。地球温暖化の脅威に対する私たちの反応は、個人的な幸福、人間社会の発展、さらに言えば地球上のあらゆる生物に影響を与えるだろう。本書の目的の一つは、ここに至るまでの経緯を説明して、読者諸氏に現在の苦境を理解してもらうことにある。過去の科学者が気候変化の不確かさとどのように戦ってきたかを学ぶことで、科学者の現在の発言の理由を正しく評価するための準備を整えることができる。さらに、科学者が重要な影響力をもつその他多数の問題にどう取り組んでいるかをよりよく理解することもできる。

どのようにして科学者は信頼できる結論に達するのだろう？　発見に対するふつうのイメージは、物理学や生物学など昔から科学の中心となってきた分科から学び取られたもので、観察とアイデアと実験が整然と並んだ経過として描かれている。私たちは、その経過の最後にある一つの答えがもたらされると考えたがる。私たちに何ができるかについてのはっきりした意見が示されるはずだ、と。そういった、明確な結果をもたらす論理の流れでは、気候変化の研究のように学際的な仕事は描写されない（実は、昔から中心となってきた分科もそのようには描写できないことが多い）。地球温暖化の発見の物語は、行列をなした行進というよりも、広大な風景の中を、それぞれわずかばかりの集団があちらこちらに散らばって歩き回っているように見える。何千もの人々が、その結果として気候変化について何かわかるかもしれないが、それは偶然でしかないような研究に取り組んでいる。研究者の多くは、お互いの存在もほとんど知らない。こちらには氷河の流れを計算する計算機の達人がいて、あちらには回転台の上で水の入った皿洗い桶を回している実験者がいて、横に目をやると泥の塊からちっぽけな殻を針でかき取っている学生がいる。科学者がますます複雑なテーマを理解しようと努力するにつれて、こういった種類の科学、つまり複数の専門分野が部分的にのみ接触した科学が広く見られるようになってきた。

気候研究の込み入った性質は、自然そのものを反映している。地球の気候システムはどうしても単純化できないほど複雑であるため、完璧に理解できることはけっしてないだろう。物理学の法則を理解するようにはいかない。こういった不確かさが、気候学と政策決定の関係に影響を及ぼしている。気候変化に関する議論は、福祉支出の社会的価値をめぐる論争と同じくらい混乱を招くものにもなりうる。この問題に対処するために、気候科学者は驚くべき政策決定メカニズムを新たにつくり出した。科学と社会全体のそういった結びつきを描くことが本書のもう一つの目的だ。科学者、政治家、ジャーナリスト、ふつうの市民が過去にどのように駆け引きをおこなってきたかをたどることによって、私たちが直面している致命的な問題によりよく対処する準備を整えることができる。

気候変化は一つの物語ではなく、並行して進むたくさんの物語であり、その物語どうしが時折つながっているだけだ。本書は、それらを人為的に一つの全体像にまとめ上げたものである。さらに深く調べたいという方々のためには、補足的なウェブサイトを用意した。そこには二ダース以上の評論が掲載され、それぞれの評論は同時進行しながら七〇〇以上のハイパーリンクで互いに結ばれている。このウェブサイトには本書の三倍の資料が含まれていて、重要な歴史的詳細および技術的詳細について情報を与え、特徴的な側面に関するさらに詳しいケーススタディを提供している。また、本書では触れられていない科学的文献および歴史的文献とリンクが一〇〇〇件を優に超えるほど記されている。地球温暖化の発見の歴史的状況をより深く実感し、個々のトピックを十二分に探るために、http://www.aip.org/history/climate にアクセスしていただきたい。

本書はアメリカ物理学協会の後援と、国立科学財団の科学・技術研究プログラムおよびアルフレッド・P・スローン財団の補助金により実現した。インタビュー、（ときには膨大な）コメント、資料の開示をこころよく引き受けてくださった科学者および歴史家の方々のかけがえのないご協力に感謝したい。その一部のお名前を以下に記しておこう。荒川昭夫、W・ブロッカー、K・ブライアン、R・A・ブライソン、R・チャールソン、J・エディー、P・エドワーズ、T・フェルドマン、J・フリーグル、J・フレミング、J・ハンセン、C・D・キーリング、真鍋淑郎（しゅくろう）、J・スマゴリンスキー、R・M・ホワイト（敬称略）。

第一章　気候はいかにして変わりうるのか？

人々は昔から異常気象について話してきたが、一九三〇年代にその話はいつもとは違う方向に向かった。年寄りたちが、天気がほんとうに昔とは違ってきたと主張しはじめたのだ。彼らが子どもだった一八九〇年代の記憶のなかにある怖気づくような猛吹雪、初秋の湖に張る氷、それらすべてが消えてしまった――若い世代の暮らしは楽になったのだ。大衆向けの新聞や雑誌は、冬が実際に穏やかになってきたと主張する記事を載せはじめた。気象学者は記録を詳しく調べて、その事実を確認した――温暖化傾向が進行中だという事実を。専門家は科学記者に対して、霜がおりる時期が遅くなりつつあることと、コムギとタラがここ何世紀もの間見られなかったような北部の地域で収穫されるようになったことを語った。『タイム』誌も一九三九年に次のような記事を載せている。「わしが子どものころは冬がもっと厳しかった、と言い張る年寄りの言い分はまったく正しい……気象予報官は、少なくともいまのところ世界が暖かくなりつつあることを確信している」(1)

この変化を不安に思う者は誰もいなかった。気象学者は、天候パターンはいつも数十年周期や数百年周期でおだやかに変化してきたと説明した。もし二〇世紀半ばが暖かくなる時期にあたるなら、けっこうなことだ。一九五〇年の典型的な大衆向けの記事には「広大な新しい食料生産地帯の耕作が始まるだろう」と約束されていた。もちろん、もし温暖化が続けば、新たな砂漠が出現するかもしれない。それに海の水位が上がって、沿岸の都市が水没するかもしれない――「聖書に記された破局的変化のような洪水の再来だ(2)」。それらすべてはあきらかに、遠い未来についての派手な憶測にすぎなかった。プロの気象学者の多くは、実際に世界的な温暖化傾向があるとは思っていなかった。通常の、一時的な、地域的なゆらぎにしか見えなかったのだ。それに、たとえ地球規模の温暖化が起きているとしても、「気象学者には現在の温暖化傾向が二〇年続くのか二万年続くのかわからない(3)」とある雑誌のレポートには書かれていた。一九五二年(八月一〇日)、『ニューヨーク・タイムズ』紙は、これから三〇年後に人々は一九五〇年代の暖冬を懐かしく振り返るかもしれないと述べていた。

一人の男が、専門家の総意に異議を申し立てた。一九三八年、ガイ・スチュアート・カレンダーは大胆にもロンドンの英国王立気象学会のメンバーを前にして気候について語った。カレンダーはその場にそぐわない人間だった。プロの気象学者でもなければ科学者ですらなく、蒸気動力を扱う技術者なのだから。アマチュアとして気候に興味をいだき、余暇に多くの時間を費やして趣味として天気の統計をまとめていたのだ。彼は数値が実際に地球規模の温暖化を示していることを(ほかの誰よりも徹底的に)確認していた。カレンダーはいま、気象学者たちに対して、その原因が何かはわかっていると告げた。原因はわれわれ、人間の産業活動だ。どこで化石燃料を燃やしても、何百万トンもの二酸化炭素ガス(CO_2)が放出され、それが気候を変えつつあるのだ(4)。

この考えは新しいものではなく、基本的な物理は一九世紀に導き出されていた。一九世紀初め、フランスの科学者ジョゼフ・フーリエは自分自身にある質問を問いかけた。それは単純なように見える質問で、ちょうどそのころ、物理学の理論でどう取り組めばいいかわかりはじめたたぐいのものだった。地球のような惑星の平均温度を決定するものは何か？　太陽からの光が当たって地球の表面を暖めるとき、なぜ地球は太陽そのものと同じくらい高温になるまで熱くなり続けないのだろう？　フーリエの答えは、熱せられた表面が目に見えない赤外放射を射出し、それが宇宙空間に熱エネルギーを運び去るというものだった。ところが、彼の新しい理論的な手段でその効果を計算したところ、算出された温度は氷点を優に下回り、実際の地球よりもはるかに寒くなった。

この違いは地球の大気によるものだ、とフーリエは気づいた。大気が熱放射の一部を何らかの仕組みで閉じ込めているのだ。彼は、空気に覆われた地球をガラス板で覆われた箱にたとえることでこれを説明しようとした。太陽の光が入り込むと箱の内部は暖かくなるが、熱は外に逃げられない。この説明はいかにももっともらしく、カレンダーの時代までには少数の科学者が、地球の凍結を阻止する「温室効果」について語りはじめていた。この用語は間違った認識にもとづくもので、なぜなら実際の温室が暖かい状態を保っているおもな理由は別にあるからだ（ガラスのおもな効果は、太陽で暖められた表面から加熱された空気が外に逃げるのを防ぐことにある）。フーリエが気づいたように、大気が地球全体の熱を維持する方法は、もっととらえがたいものだ。大気のトリックは、地表面から射出される赤外放射の一部を何らかの仕組みでさえぎり、宇宙空間に逃げるのを防ぐことだ。

正しい推論を最初に明快に説明したのは、イギリスの科学者ジョン・ティンダルだった。ティンダルは大気がどのようにして地球の温度を制御するのかあれこれ考えたが、当時の科学者の大半が信じていた「すべての気体は赤外放射に対して透明だ」という意見によって邪魔されていた。一八五九年、彼はこの意見を実験室で確かめることに決めた。大気の主成分である酸素と窒素は実際に透明だということが確認された。そこで実験をやめようとしたとき、石炭ガスを試してみることを思いついた。これは、石炭を加熱することによって生産される人工的な気体で、おもな成分はメタンで、照明のために使われていた。実験室にパイプで送り込まれていたので、ちょうど手近にあったのだ。ティンダルは、このガスが熱線に対して木の板と同じくらい不透明だということを知った。こうして産業革命は、灯用ガスの炎というかたちでティンダルの実験室に侵入し、地球の熱収支に対する重要性を宣言したのだ。ティンダルはさらにほかの気体を試していき、CO_2も同じように不透明だということを知った――現在では温室効果気体と呼ばれるものだ。

少量のCO_2は地球の大気中に見られ、一万分の二または三の濃度でしかないのだが、ティンダルにはそれが温暖化をもたらしうる仕組みがわかった。地表面から上昇する赤外放射の一部が、大気の真ん中のレベルでCO_2に吸収される。その熱エネルギーは宇宙空間に逃げることなく、空気自体に移される。空気が暖められるだけでなく、大気中に閉じ込められたエネルギーの一部が下向きに放射されて、地表面を暖める。こうして地球の温度は、CO_2が存在しない場合よりも高いレベルで維持される。ティンダルはこのことを次のように巧みに表現している。「川を横切って築かれたダムによって局地的に流れが深くなるように、この大気も、地球の（赤外）光線をはばむ障壁となり、地表面の温度を局地的に上昇させている」(5)

これらすべてに対するティンダルの関心は、まったく異なる種類の科学から始まっていた。彼は当時の科学者の間で大論争を引き起こしていたある謎を解きたいと思っていたのだ。それは、有史以前の氷河時代の存在だ。その主張は信じがたいものだったが、証拠には説得力があった。ヨーロッパ北部とアメリカ合衆国北部のいたるところに見つかった削り落とされた岩石層、奇妙な礫の堆積、これらはアルプスの氷河の作用とそっくりで、ただとてつもなく大きかった。激しい論争のなかで、科学者たちはこの信じがたいことを受け入れるようになりつつあった。はるか昔——とはいえ石器時代の人間が住んでいたころなのだから、地質学の時代のうちではたいした昔ではない——北部の地域は大陸を覆う一マイル（約一・六キロメートル）もの厚さの氷の下に埋もれていたのだ。いったい何が原因だったのだろう？

大気の変化は可能性の一つだったが、見込みはあまりなさそうだった。大気の気体成分のうちで、CO_2はあきらかな容疑者ではなかった。大気中の量があまりにも少ないからだ。ほんとうに重大な「温室」気体はH_2O、つまりただの水蒸気なのだ。ティンダルは水蒸気が赤外放射を容易にさえぎることを知った。彼は水蒸気について次のように説明している。「イングランドの植物にとって、人間にとっての衣類よりも必要な毛布である。夏にわずか一晩でも空気から水の蒸気を取り除いたら……太陽が昇るころには島全体が鉄のように硬い霜に覆われているはずだ」(6)。だから、もし何らかの原因で大気が完全に乾燥したら、氷河時代が引き起こされるかもしれない。いまのところ、大気の平均湿度は、全地球の温度とうまく連携がとれて、ある種の自動的なつりあいを保っているようだった。

氷河時代の謎は、一八九六年にストックホルムの科学者スヴァンテ・アレニウスによって取り上げられた。大気中のCO_2の量が変えられたと仮定しよう、と彼は言った。たとえば、火山の噴火が多発すれば膨大な量のガスが吐き出されるかもしれない。これによって温度がわずかに上昇し、この小さな増加が重大な結果をもたらす。暖められた空気はより多くの水分を含むようになるのだ。水蒸気はほんとうに強力な温室効果気体なので、水分が増すことによって温暖化が大いに高まる。逆に言えば、もしすべての火山のガス放出が偶然に止まったら、CO_2はいつか土壌と海水に吸収される。空気が冷えると含まれる水蒸気の量が減る。このプロセスがぐるぐると続けば、氷河時代が始まるのかもしれない。

空気が冷えて水蒸気が減ると、さらに空気が冷えて……このような自己強化の循環的関係を、今日では「フィードバック」と呼ぶ。概念は基本的でありながら理解しがたい――把握するのは簡単なのだが、誰かにそれを指摘されなければわからない。アレニウスの時代には、少数の見識ある科学者だけが、気候を理解する上でそういった作用がきわめて重要になりうるということを理解していた。最初の重要な例は一八七〇年代にイギリスの地質学者ジェィムズ・クロルによって編み出されたもので、氷河時代を引き起こしうる原因についていろいろと考えている際のことだった。彼の指摘によれば、雪と氷がある地域を覆い尽くすと、太陽光の大部分を宇宙空間に跳ね返す。むき出しの黒い土壌と木々は太陽によって暖められるが、雪の積もった地域は冷たいままになりがちだ。もしインドが何らかの理由で氷に覆われたらインドの夏はイングランドの夏よりも涼しくなるだろう、とクロルは述べた。さらに彼は、ある地域が冷えると風のパターンが変わり、それによって海流も変化するので、その地域からさらに熱が奪われるのではないかと主張した。何らかのきっかけでひとたび氷河時代が始まると、そのパターンはおそらく自動継続するのだ。

このような複雑な作用は、当時はどんな人間の計算能力もはるかに超えていた。アレニウスには、CO_2の濃度を変えた場合の直接的な効果を推測することしかできなかった。だが彼は、温度の上下にともなう水蒸気の重大な変化を見過ごすことはできないと気づいた。湿度を計算に入れなければならない。これは、ほかの誰が試みてきたことをもはるかに上回っていた。

その数値計算のために、鉛筆を使う退屈な作業が何か月もかかった。アレニウスは地球のそれぞれの緯度帯について、大気の水分および地球に入る放射と出る放射を計算した。彼がこの膨大な作業に取りかかったのは、憂鬱から逃れる手段でもあったようだ。離婚したばかりで、妻と別れただけでなく幼い息子の親権まで失ってしまったのだ。彼がおこなった無数の計算は、科学的に正当と認められるものとはとても言えなかった。アレニウスは現実世界の多くの特徴に目をつぶらなければならず、気体が放射をどれだけ吸収するかについて用いられたデータは信頼できるものとはほど遠かった。それでも彼は数値を出し、ある程度の自信をもって発表した。CO_2の量が変わったら気候がどのように変化するかを証明するにはほど遠かったとしても、どのように変化する可能性があるかのおおまかな考えは実のところ把握していた。空気中のCO_2の量を半分に減らせば世界はおそらく摂氏五度ほど涼しくなると彼は発表した。たいしたことではないように思えるかもしれない。だがフィードバックのせいで、余分に雪が積もって太陽の光を反射するうちに氷河時代をもたらすのに十分な変化が起こるかもしれないのだ。

大気の成分がこれほど大きく変化することがありうるだろうか？　その質問の答えを得るために、アレニウスは同僚のアルヴィド・ヘグボムに相談した。ヘグボムはすでに、自然の地球化学のプロセス——火山からの放出や海による取り込みなど——を通じてCO_2がどのように循環しているかの推測をまとめており、奇妙な新しい考えを思いついていた。工場やその他の産業系発生源から放出されるCO_2の量を計算しようという考えが浮かんだのだ。驚いたことに、人間の活動が大気にCO_2を加えている時間あたりの量は、自然のプロセスがCO_2を放出して吸収している量とほぼ同じだということがわかった。追加されたCO_2はすでに大気中にあった量と比べるとたいしたことはない——一八九六年に石炭を燃やすことで放出されたCO_2量は、濃度をかろうじて一〇〇〇分の一だけ引き上げる程度だった。だが、それが長く続けば追加量が問題になるかもしれない。アレニウスは、大気中のCO_2が二倍になれば地球の温度はおよそ五度または六度上昇すると計算した。

人類が大気を大いに混乱させているという考えが浮かんでも、アレニウスは悩むことはなかった。寒いスウェーデンでは温暖化がいいことのように思えたからだけではない。アレニウスは、一九世紀末のほぼすべての人がそうだったように、テクノロジーの変化はどれも最善の結果を生むはずだと期待していたのだ。人々は、科学者と技術者が将来の貧困の問題をすべて解決してくれると信じていた。砂漠を庭園に変えてくれるはずだ！　いずれにしても、空気中のCO_2の量が二倍になるまでに数千年はかかるだろうとアレニウスは想像していた。当時は、地球の人口がどんどん倍増していることをほとんど誰も把握していなかったのだ。資源の利用が人口よりも速く増大していることを理解している人々は、さらに少なかった。世界中にかろうじて一〇億ほどの人々が住み、その大部分は無知な小作人で、中世の農奴のように暮らしていた。人間に地球全体の大気を変化させることが可能だと想像するのは、空想世界のようなはるか未来の話なら別かもしれないが、あまりにも無理があるように思われた。アレニウスが発見したのは実際の地球温暖化現象ではなく、興味をそそる理論上の概念にすぎなかったのだ。

抽象的な理論としてのアレニウスの考えに対してですら、それを退ける科学的な根拠が存在した。最も説得力があったのは単純な実験室での測定で、温室効果による温暖化の原理全体を論破するように思われた。アレニウスが仮説を発表した数年後、ある実験者がCO_2ガスで満たされた管に赤外放射を通してみた。管の中に入れたガスの量は、大気のてっぺんに達する空気の柱に含まれているはずの総量と同じくらいだ。ガスの量を二倍にしたとき、管を通り抜けた放射の量はほとんど変化しなかった。その理由は、CO_2はスペクトルの特定の波長帯でしか放射を吸収しないからだ。わずかな量のガスで波長帯は「飽和」してしまう――つまり完璧に不透明になり、ガスを追加してもほとんど違いが生じなくなるのだ。そのうえ、水蒸気がスペクトルの同じ領域の赤外放射をすでに吸収していた。どうやら、地球ではすでに最大限の温室効果が起こっているようだ。一九一〇年までには、ほとんどの科学者がアレニウスの計算は完全な誤りだと考えるようになっていた。

残る疑念を払拭するために、ほかの科学者はさらに基本的な反対理由を指摘した。彼らは、CO_2が大気中に蓄積することは絶対にありえないと信じていたのだ。大気は氷山の一角にすぎず、その中に含まれている物質の量は、地球表面の物質のうちで鉱物や海に閉じ込められている莫大な量に比べればごくわずかだ。CO_2の分子数にして、大気中にある数のおよそ五〇倍が海水に溶けている。もし人類が空気中のCO_2をさらに増やしたとしても、そのほぼすべてが結局は海に取り込まれるはずだ。

さらに、科学者たちはアレニウスが計算のなかで気候システムをあまりにも単純化しすぎていると考えた。彼は、温度の変化にともなって風のパターンと海流がどのように変化するかといったような点を無視していたのだ。そして、それ以上に基本的な作用も省いていた。たとえば、もし地球が暖かくなるにつれて空気中に含まれる水蒸気の量が増えたなら、その水分によって雲が多くつくられるはずだ。その雲は太陽光を宇宙空間に跳ね返してしまうので、エネルギーは地表面に届かず、結局のところ地球はほとんど暖かくならないだろう。

これらの反論は、自然界に対するある見かたと一致していた。その見かたはあまりにも広く行きわたっていて、大半の人々があきらかな常識だと思っているほどだった。それによると、雲量の増減によって温度が安定している仕組みや、大気中の気体の濃度を海が一定に保っている仕組みは、「自然のつりあい」という普遍的な原理の一例なのだ。自然の巨大な力のなかであまりにも弱々しい人類の活動が、地球全体を支配しているつりあいを乱すことができるとは、ほとんど誰も想像できなかった。自然に対するこの見かた——超人的で、慈悲深く、本質的に安定した存在という見かた——は、人類の大部分の文化に深く浸透していた。それは神に与えられた宇宙の秩序、完璧でびくともしない調和に対する宗教的信仰と伝統的に結びついていたのだ。それが大衆の考えであって、科学者も大衆の一員であり、その文化の前提の大部分を共有している。科学者たちは、大気と気候は人類の時間スケールのなかでは不変のままだ——ちょうど誰もが望むように——という説明になるもっともらしい論拠をひとたび見つけると、その反論となりうる論拠を探すことをやめてしまった。

もちろん、気候が変化する可能性があることは誰もが知っていた。年寄りが語る幼いころに経験したひどい猛吹雪の話から、一九三〇年代の「ダスト・ボウル（黄塵地帯）」と呼ばれた米国中西部大草原地帯の壊滅的な干ばつに至るまで、気候に関する認識には破局的変化の経験が含まれる。だが破局的変化は（当然ながら）一時的なもので、数年後には通常に戻る。少数の科学者はそれよりも大きな気候シフトを推測していた。たとえば、何世紀もの間にわたって降水量が徐々に減少したことが、古代近東の文明の衰退の原因だったのではないか？　大部分の人々はそうは思わなかった。それに、もしそのような変化がほんとうに起こるのなら、地球全体ではなく、局地的にランダムに襲うはずだと誰もが思っていた。

もちろん、はるか昔に地球規模の巨大な気候変化があったことは誰もが知っていた。地質学者は氷河時代――正しくは複数の「氷期」――を、正確に概説できるようになりつつあった。というのも、とほうもなく大きな氷床（大陸規模の氷河）がアメリカとヨーロッパの半分を覆っていた時期は一度ではなく、何度も繰り返されていたということがわかったのだ。さらに昔に目を向けた地質学者は、現在の北極にあたる地域で恐竜が日光浴をしていた、地球全体が熱帯的だった時代を見つけた。一般的な説によれば、何百万年もの間にわたって地球が冷えた結果として恐竜は絶滅したのではないかと言われていた――あまりにも長く待っていると、気候変化は深刻な問題になりうるのだ。いちばん最近の氷期も同様に徐々に終わりに至ったと地質学者は報告している。地球は何万年もの時を経て現在の温度に戻ったのだ。もし新しい氷期が訪れつつあるのなら、到着するまでにはそれくらい長い年月がかかるはずだ。

巨大な氷床の前進と後退の速度は、現代の山岳氷河が動いて見える速度と同様であり、少しも速くなかった。これは「斉一性の原理」とうまく一致していた。この原理によれば、氷、岩、海、空気を形づくった力は時が経っても変わることがなく、ある学者の言い方によれば、現代に見られる変化の方法以外で変化しうるものはない。この原理は地質学のまさに基礎として地質学者に大切にされていた。法則が同じままでなければ、どうして科学的に研究することができるだろう？　この考えは、一世紀にわたる論争の間に確立されていた。科学者は苦しみながら、ノアの洪水など突然の超自然的な介入によって地質的特徴を説明してきた伝統を捨てた。「斉一説支持者」と「天変地異説支持者」の激しい論争は、科学と宗教の対立を招きはしたが、それは部分的なものだった。信心深い科学者と良識ある説教師の多くは、万事は神に与えられた信頼できる秩序に支配された世界における自然なプロセスによって起こるという意見で一致することができていたのだ。

一貫性の理想は気候の研究だけでなく、研究者たちのキャリアにも浸透していた。二〇世紀前半を通じて、気候の科学は眠くなりそうなよどみだった。「気候学者」を自称する人々は、その大部分が季節ごとの平均温度や降雨量などの記録といった単調な仕事をこつこつやっていた。典型的な例は米国気象局の職員で、のちの世代の研究志向の地球物理学者の一人は「いままで見たことがないほど風通しの悪い組織」と表現している(7)。彼らの仕事は過去の天気に関する統計の編集で、その目的はどの作物を植えたらいいか農業経営者にアドバイスしたり、ある橋の寿命の間にどれほど大規模な洪水が起こりそうかを土木技師に伝えたりすることだった。これらの気候学者の仕事の成果は、その顧客には高く評価されていた（そういった研究は現在まで続けられている）。そして彼らの退屈で骨の折れる研究スタイルは、のちに気候変化の研究において欠くことのできないものとなる。それでも、この種類の気候学の社会に対する価値は、過去半世紀ほどの統計が今後何十年にもわたる状況を確実に示すことができるという信念にもとづいていた。教科書の冒頭では、「気候」という用語は気象データの一時的な上下をならした一連の平均値として説明されている——定義からして安定したものなのだ。

統計値の枠を越えたやり方で解釈を試みた少数の人々は、最も初歩的な物理学だけを用いた。ある地域の温度と降水量は、その緯度における日射量、卓越する風〔頻度の高い風〕、風を暖めるかもしれない海流や風をさえぎるかもしれない山脈の位置などによって設定された。一九五〇年になっても、大学で気候学者を探すと、地理学科にはいるかもしれないが、大気科学科や地球物理学科にはいなかったのではないだろうか（そのような学科自体がほとんど存在しなかったわけだが）。この分野は、研究の現場にいる一人がこぼしていたように、「気象学の最も退屈な分科」[8]という正当な評価を受けていた。

それにもかかわらず、気候変化に関する積極的な推測は数多く聞かれ、その多くはプロの気候学者からではなくカレンダーのような部外者からだった。彼が王立気象学会のメンバーに向けて講演をおこなったころには、気象学者たちはすでにあまりにも多くの派手な思いつきを耳にしていた。氷河時代は遠い昔の出来事で、実際の重大性はなさそうに見えるものの、大いなる知的挑戦課題を提供していたからだ。気候変化について考えた少数の人々の興味をそそったものは、地球温暖化の漠然とした可能性ではなく、大陸の氷床の驚くべき前進と後退だった。ティンダル、アレニウス、カレンダー、そして少なからぬその他の人々は、この悪名高き謎を解くことで永遠の名声を勝ち取りたいと願った。新聞各社はときどき、どこかの大学教授や変わり者のアマチュアが発表したもっともらしく聞こえないこともない理論を掲載しては、読者を楽しませ、気候学者を困惑させていた。ある著者はこの状況を次のように表現した。「誰もが独自の理論をもち――それぞれがよさそうに聞こえるのだが――やがて次の誰かが独自の理論とともに現れて、ほかの理論を完膚なきまでに叩きのめすのだ[9]」

理論を発表するとき、プロの科学者とアマチュアの区別が簡単につくとはかぎらなかった。気象学そのものが科学よりも技能に近いものだった当時、まして気候学は科学的だとはとても言いがたかった。物理学と数学を用いて天気を――あるいは、貿易風などの地球の大気の単純かつ規則正しい特徴ですら――表そうとどれだけ努力しても、失敗するばかりだった。気候学者は過去の年の記録を見ることによってある季節を予測しようと努めるしかなかったが、気象学者も過去の天気との比較によって翌日の天気を予測しようと努めるしかなかった。時折これが体系的におこなわれて、現在の天気図が過去の天気図帳と照合されることもあったが、たいていの予報官は最新の状況を見るだけで、単純な計算、経験則、個人的な勘を組み合わせながら経験に頼っていた。鋭いアマチュアは学位はなくても、博士号をもった気象学者と同じくらい正確に雨を予測することができた。実は、二〇世紀前半を通じて米国気象局の「プロ」の大部分は、学位など一つももっていなかったのだ。

それでも、ものごとを説明しようとする努力をけっしてやめないのが科学者の性分だ。もし一般に認められた理論が存在しないのなら――実際には、「理論」という言葉そのものに気候学者は疑わしげに眉をひそめた――気候を変化させることができそうな原動力はいくつもある。科学者は地球の内部から宇宙空間まで、いたるところで候補を見つけ出した。その候補は、半ダースもの異なる科学分野にまたがっていた。

最初に挙がるのは地質学だ。氷河時代について最も広く受け入れられていた説明は、地球内部に目を向けたものだった。たとえば、もし何らかの大変動によって山脈が隆起して卓越風をさえぎることになったら、気候は間違いなく変化するはずだ。同様に、列島の隆起または沈降によってメキシコ湾流の経路が変われば、その暖かさがヨーロッパに届かなくなるかもしれない。こういった力が、恐竜のいた暖かい時代と氷河時代の違いをもしかしたら説明してくれる可能性はある。しかし、造山運動には何百万年もかかるのに対して、大陸氷床はわずか何十万年かの間に前進と後退を繰り返していた。このような比較的速い気候のシフトを説明するためには、地質学者はほかの力を探さなければならないだろう。

一七八三年、アイスランドのある火山性の割れ目が、けた外れのエネルギーで噴火し、何立方キロメートルもの溶岩を噴き出した。火山灰と噴石が島に降り注いで層をなした。草は枯れ、家畜の四分の三は飢えて死に、住民の四分の一も同じ運命をたどった。奇妙な煙霧が何か月間も西ヨーロッパの上空で太陽光を鈍らせていた。フランスを訪れていたベンジャミン・フランクリンはその年の異常な冷夏に目をとめて、火山による「霧」が原因かもしれないと推測した。この考えは流行した。一九世紀末までには大部分の科学者が、火山の噴火は実は広い区域に、地球全体にさえ影響を与えているのかもしれないと考えるようになっていた。大規模な火山噴火が続く間のくすんだ空が、氷河時代における氷河の前進期それぞれの原因なのではないか。

ほかの科学者たちは、答えは地質学ではなく海の中にあると言い出した。巨大な体積をもつ海には、気候の構成要素の量的に大きな部分が含まれている。希薄な大気より水の量がはるかに多いのはもちろんのこと、地球の気体の大部分は海水に溶けている。それに、水深わずか数メートルまでの海水に、大気全体よりも多量の熱エネルギーが含まれているのだ。地球表面の熱の循環のおもな特徴は一九世紀に発見された。世界中のどの場所でも、深海から汲み上げられた水はほとんど凍りそうな温度だということがわかったときだ（海洋学者は、この調査が始まったのはある科学者が熱帯を汽船で旅していたときに給仕がワインを冷やすために瓶を船外の水に沈めているのを見たことがきっかけだと主張している）。この水は北極地域で沈み、海底にそって赤道向きに流れてきたに違いない。なるほどとうなずける考えだった。水は北極圏の風によって冷やされ、したがって密度が大きくなったところで沈むものと思われるからだ。

しかし、暖かい熱帯の海は水を急速に蒸発させる。その水分はさらに高緯度で雨や雪として降ることになるので、赤道直下の水はさらに塩辛くなる。水に含まれる塩分が多いほど密度は大きくなるのだから、海水は熱帯で沈むのではないか？　二〇世紀に入るころ、多芸多才なアメリカの科学者T・C・チェンバリンがこの疑問に興味をもった。彼は次のように考えた。「温度と塩分濃度の争いは接戦だ……つりあいを崩すのに大きな変化は必要ない」[10]。もしかしたら地質学的な過去に、北極と南極が暖かかったころには、熱帯で塩辛い海水が沈み、極の付近で上昇していたのかもしれない。現在の循環とは逆のこの状況が、はるか昔に見られた地球上の均一な温暖さを維持するのに役立っていたのではないか、とチェンバリンは考えた。

これは理解しがたいタイプの説明で、ほとんど誰も取り上げなかった。海の循環はほかの多くのことと同様に、穏やかなつりあいとして描かれていて、永遠に同じ経路を通るものだと思われていた。科学者は観測の結果をそのように認識していたのだ。海に出て測定することが困難で観測値の数が少なかったことが理由にすぎないのだが。海の正確な測定をおこなうためのテクノロジーを開発するのに必要な長期の努力を費やすべきだと考えた者は、それまで誰もいなかった。海洋学者は、瓶を海に投げ込むという単純な手段で流れを追跡していた。このような測定法では、たとえ海流のパターンの変化を見つけようと思ったとしても、検出することは不可能だ。徐々に海洋学者たちは、変化のない海流のパターンの略図を描いていった。

その全体図を、ハーラル・スヴェルドルップが一九四二年に出版された教科書で示している。彼は、海洋の多くの特徴のリストの一項目として、冷たく密度の高い水がアイスランドおよびグリーンランド付近で沈み、深層を通って南方へ流れると述べている。北大西洋の循環を完成させるために、熱帯から来た暖かい水が表面の近くでゆっくりと北方に漂う。おそらく風が推進力を加えているのだが、その影響は当時ははっきりしていなかった。海洋学者は北大西洋の循環における貿易風、熱、塩分の相対的な重要性について論争したが、この問題を解くための手段は何もなかった。どうせささいな問題であるように思えた。スヴェルドルップは、北方に漂っていく莫大な量の暖かい水が気候に重大な意味をもつかもしれないということは述べなかった。当時のどの海洋学者もそうであったように、彼の注目はメキシコ湾流などの速い表層の流れにほとんど集中していた。それらだけが、海洋学者にとってほんとうに重要なこと――航海、漁業、局地的な気候――にとって価値のあることのように思われたのだ。

気候変化の原因についての別の意見は、まったく異なる方角から現れた。古代ギリシアのころから、庶民も学者も同じように、森の木を切り倒すか草原の草を家畜に食い尽くさせるとその付近の天気が変わるのだろうかと考えてきた。植物被覆を木からコムギに、または草地から砂漠にと変えることが温度と降雨量に影響を与えるというのは常識のようだった。一九世紀のアメリカ人は、移民があったことで以前よりも穏やかな気候がこの国にもたらされたと主張し、グレートプレーンズ〔ロッキー山脈東方のカナダ・米国にまたがる大草原地帯〕に移住してきた農夫たちは「雨は鋤のあとを追う」と自慢していた。

一九世紀末までには、気象学者はこの考えを検証するために十分な信頼できる気象記録を集めていた。検証は失敗した。森林から農地へという北米東部の生態系全体の変化ですら、気候へのあきらかな影響はほとんどもたらしていなかった。どうやら大気は生物学に関心がないらしい(11)。それは十分に筋が通っているように思えた。気候を変えることのできる力はその正体がなんであれ、地球の表面をまだらに覆っている薄皮のような有機物よりははるかに強力なものであるはずだ。

かろうじて一握り程度の科学者は、違う考えをもっていた。最も深く考えていたのは、ロシアの地球化学者ヴラディミール・ヴェルナツキーだった。第一次世界大戦のために工業生産を軍事体制にする仕事のなかで、ヴェルナツキーは人間の産業によって生み出された物質の体積は地質学で扱うべき量に近づきつつあると気づいた。生化学的なプロセスを分析した彼は、地球の大気を構成する酸素、窒素、CO_2はおもに生物から放出されたものだと結論づけた。そして一九二〇年代に、生物が構成する力は地球をつくり変える意味においていかなる物理的な力にも匹敵すると主張する論文を発表した。さらに彼は、より強大な新たな力が作用しつつあることもわかっていた。それは知性だ。しかし、地質学上の力としての人類に関するヴェルナツキーの予見的な見解は広く読まれることはなく、大部分の読者はとっぴな話としか思わなかった。

気候を説明するさらに強力な主張は、一見したところ最も世間離れしているような科学、つまり天文学からもたらされた。それは一八世紀の一流の天文学者ウィリアム・ハーシェルから始まった。彼は一部の星の明るさに変化があることと、われわれを照らす太陽そのものが星であることに注目した。太陽の明るさに変化があれば、地球に寒い時期と暖かい時期がもたらされるのではないか？　一九世紀半ば、太陽の表面に見える黒点の数が規則的な十一年周期で増減することが発見されたのちに、推測が増していく。黒点は太陽の表面のある種の嵐を反映しているようだ――その激しい活動は、地球の磁場に測定可能な影響を及ぼしている。黒点は何らかのかたちで天気と関係しているのかもしれない――たとえば、干ばつとか？　干ばつは穀物の価格を上下するため、一部の人々は株式市場との結びつきを探した。黒点の研究は長期の気候シフトに関するヒントも与えてくれるかもしれない。

最も粘り強く調べたのはスミソニアン天文台のチャールズ・グリーリー・アボットだった。この天文台にはすでに地球に届く太陽放射の強さ、つまり「太陽定数」を測定する研究プログラムが存在していた。アボットはこのプログラムにひたすら取り組み、一九二〇年代初めまでに「太陽定数」という名称は間違っているという結論に達していた。彼の観察結果では何日という周期で大きな変化が見られ、それは太陽の表面を横切る黒点と関係があった。何年という期間で見ると、太陽はより活発なときに一パーセント近く明るさが増しているように見えた。一九二二年の時点ですでにアボットは、黒点サイクルと地球上の温度のサイクルにはあきらかな相関関係が見られると発表していた。自信過剰でけんか好きなアボットは、あらゆる異論に対して自分の調査結果の正当性を主張し、その一方で大衆に向かって太陽の研究は天気予報の精度のすばらしい向上をもたらすはずだと伝えた。ほかの科学者たちは沈黙を保ったまま懐疑的な様子だった。アボットの報告した変化は、検出可能な限界ぎりぎりのものだったからだ。

周期の研究は二〇世紀前半を通じて広く流行していた。政府はすでにたくさんの気象データを集めていじれるようにしてあり、必然的に人々は黒点サイクルと選ばれた気象パターンの間に相関関係があることを見つけた。イングランドの雨がサイクルと一致しなくても、ニューイングランドの嵐が一致するかもしれない。一流の科学者と熱心なアマチュアは、予報に使うのに十分なほど信頼できるパターンを見つけたと主張した。

だが、遅かれ早かれ、すべての予報は失敗した。その一例は、一九三〇年代初めの黒点が極小の期間にアフリカで日照りが続くというきわめて確かと思われた予報だった。結局その期間に雨が多かったとわかったときのことを、ある気象学者はのちに、次のように振り返っている。「黒点と天気の関係というテーマは人気を失った。最も尊敬できる先輩たちの狼狽を目撃したイギリスの気象学者の間では、特にそうだった」。彼によれば、一九六〇年代に入ってからも「若い（気候）研究者にとって太陽と天気の関係について何か意見をもつことは、自らに変わり者の烙印を押すようなものだった」という。[12] それでも、何かが氷河時代を引き起こしたのだ。太陽の長期のサイクルにも、ほかの候補と同じくらいその可能性はあった。

気候に対する影響を主張できない科学分野はほとんどないように思えた——天体力学ですらそうだ。一八七〇年代、ジェイムズ・クロルは太陽と月と惑星の重力が地球の運動に微妙な影響を与えていることを計算して発表した。地球の回転軸の傾きと太陽のまわりを回るその軌道の形は、何万年または何十万年という周期でゆるやかに振動する。ある何千年かの期間は、北半球の冬の日照量はほかの期間よりもわずかに少なくなるだろう。雪が積もり、これが自動継続する氷期をもたらすこともありうるとクロルは主張した。こういった変化のタイミングは、古典力学を用いて正確に計算することができる（少なくとも原理的には、だが。実際の計算はやっかいだった）。クロルは、天文学的なサイクルのタイミングは氷期のタイミングとおおまかに一致すると信じていた。

氷期は周期的なパターンをたどっているように思われた。古代の氷河の前進および後退は、氷が停止した位置を示す礫でできた細長い丘（モレーン）と、現在は乾燥している地域にある化石湖岸線によって見つけることができる。このような地形の特徴を、最初はヨーロッパからやがて世界中にわたって綿密に調査した結果、同時代の地質学者たちが一つの時系列を組み立てた。別々の前進と後退が四回、つまり四度の氷期を発見したのだ。クロルの示したタイミングは、この時系列とはまったく対応していなかった。

それでもなお、少数の熱心な人々はこの理論を追求した。主導したのはセルビアの工学者ミルティン・ミランコヴィッチだった。二度の世界大戦の間に彼は太陽放射のさまざまな距離と角度の退屈な計算を改良しただけでなく、重要な新しい考えを見つけたのだ。どちらか一方の半球の高緯度帯に入る日射量が夏ですらとても弱くて、冬に降った雪が融けきらずに残っていた時代が存在したと仮定してみよう。雪は毎年毎年積み重なっていくだろう。クロルが指摘したように、積雪は太陽光を反射する。だから、雪原は何世紀かの間には大陸氷床に成長するかもしれない。

一九四〇年代までには、一部の気候の教科書はミランコヴィッチの計算が氷期の年代を定める問題に妥当と思われる解決法をもたらしたと教えていた。根拠となる証拠は「年縞」から得られた。年縞を示す英単語ヴァーヴ（varve）は、北方の湖の底にたまった泥層を意味するスウェーデン語から来ている。毎年、春の雪解け水の流出によって一つの層がつくられる。科学者たちは湖床からなめらかな灰色の粘土のサンプルを採取して、苦心して層を数えた。一部の研究者は、二万一〇〇〇年周期の変化を発見したと報告した。これはミランコヴィッチが計算した地球の回転軸のすりこぎ運動（いわゆる「歳差」）の周期〔より正確には、近日点が春分点に対してひとまわりする周期〕とほぼ一致する。

しかしミランコヴィッチの数値は、クロルの数値と同様に、あらゆる地質学の教科書に見られる標準的な四回の氷期の時系列に対応しなかった。さらに悪いことには、この理論全体に対して基本的な物理学にもとづく反論があった。ミランコヴィッチが計算した入射する太陽光の角度と強さの変化量はわずかなものだった。大部分の科学者は、肉眼では認められないほど小さい日射量の変動のせいで大陸の半分が氷に覆われると主張するのはあまりにも無理があると考えた。では、何が氷期を引き起こしたのだろう？　それはまだ誰にもわからなかった。

だから、一九三八年にカレンダーが王立気象学会のメンバーの前に立ったとき、彼は気候変化について推測してきたほかの大勢の人々のあとをたどっていたのだ。古くて世に知られていない論文から見つけ出したCO_2の測定値を指し示しながら、大気中のCO_2の濃度は一九世紀初頭からわずかに上昇していると主張した。専門家は半信半疑だった。大気中の微量のCO_2の信頼できる測定はまだ誰も成功していないというのが彼らの理解だった。カレンダーは自分の主張を裏づけるデータだけを選んでいるように見えた（いまにして思えば、彼の判断はかなり正しかったと確認できるのだが）。なるほどカレンダーは、地球の温度が上昇しつつあるというこれまでで最も確実な証拠を集めた。だが、その上昇をCO_2と結びつける理由があるのだろうか？

これは差し迫った問題ではなかった。カレンダー自身は地球温暖化について、農作物をより豊富に育てる助けになるのだから人類にとっていいことだと考えていた。いずれにしても、人間の活動による地球の平均気温の上昇は大幅なものにも急なものにもならないだろうと彼は計算していた。二二世紀末までに一度ぐらいではないか。聴衆の気象学者たちはこの話を興味はそそられるが説得力がないと感じて、恩着せがましい意見をわずかばかり述べただけでカレンダーをその場から去らせた。

そういうわけで論争は続いた。一部の専門家は気候変化には唯一の原因、つまり一つの支配的な力があるという個人的な理論を擁護した。大部分の科学者はどんな理論も軽くあしらった。彼らは気候変化を、あまりにも困難で手持ちの道具では解くことのできない謎として片づけていた。人類はCO_2の放出によって地球規模の気候に影響を与えつつあるという考えは、ほかのがらくたと一緒に棚ざらしになっていた。そのなかでも特に奇妙でつまらない理論として。

第二章　可能性を発見

チャールズ・デイヴィッド・キーリング——友人の間での愛称はデイヴ——は化学を愛し、アウトドアを愛する男だった。一九五〇年代半ばにカリフォルニア工科大学の博士号取得後の研究生だった彼は、研究室の中の無味乾燥な自然科学に身を投じていたが、余暇はすべて山地や森林地帯の川に旅行して過ごした。そして、手つかずの自然とじかに触れ合いつづけることのできるような研究課題を選んでいた。屋外の空気中のCO_2濃度をモニターすることは、まさにぴったりだった。キーリングの仕事は、地球物理学の研究は現実世界そのものに対する愛情にもとづくことが多いという事実の一例だ。荒涼としたツンドラで、あるいは荒れ狂う海を進む船の上で、科学者が同業者の多くにあまり重要だと思われていない研究課題に長い年月を捧げる場合、その理由の一つは、そういった科学者には屋内で一生を過ごすことが耐えられないということなのかもしれない。それでも、彼らの研究が本人の期待すら上回るほど重大な結果を生むこともあった。

大気中のCO_2の研究は、野心的な科学者にはあまり魅力のない仕事だった。今後何千年もの間に気候変化に何らかの役割を果たすかもしれないというわずかな可能性を除けば、農作物の成長に必要な物質――CO_2の炭素もそれに含まれる――がどのように風で運ばれるのかに対する軽い好奇心しか存在しない。北欧のあるグループがモニタリング・プログラムを企てたことがあった。彼らのCO_2量の測定値は場所によって、さらには日によってすら大きく変動していた。異なる気団が通過するごとに森林や工場から放出されたCO_2を運んでくるのでパルスが生じるからだ。ある専門家は「このような測定法で大気の二酸化炭素保有量とその経年変化の信頼できる推定値にたどり着くのはほぼ絶望的なように思える」と打ち明けている(1)。それにキーリングの個人的な興味はさておき、新たな挑戦のために彼に資金を提供する機関があるだろうか？

この短い問いには、長く興味深い答えが存在している。ことの発端は、第二次世界大戦と冷戦の開始がアメリカの科学界にもたらした革命的変化にある。典型的な例として、気象学の変化を考えてみよう。軍の将官は、戦闘が天気によって左右されることがあるとよく知っているため、気象学者を必要とした。米軍はシカゴ大学をはじめとする機関に協力を求めた。シカゴ大学に新設された気象学科は、最高の科学的精密さをもって気象学が研究されている世界でも数少ない場所だったのだ。

それはカール＝グスタフ・ロスビーのおかげだった。ストックホルムで数理物理学を学んだロスビーは、一九二五年にアメリカに渡り気象局で働きはじめた。だがすぐに、眠気を催させる気象局にうんざりして退職した。理論家としてだけでなく起業家および組織者としても傑出していた彼は、マサチューセッツ工科大学に国内初の気象学の専門教育課程を設立した。一九四二年にはシカゴ大学に移り、そこでも同様の教育課程をつくった。ロスビーは、気候の研究をほんとうに科学的なものに変えようと決心したあちこちに散らばる気象学者たちのリーダーだった。それぞれの地域の「標準的な」

変わることのない気候の記述を列記するだけの伝統的な気候学の代わりに、彼らは物理学の基本法則から気候のより複雑な解釈を引き出そうとしたのだ。その目標は純粋数学の実践で、実際の天気のゆらぎや毎日の予報の不確かさからは故意に距離を置いていた。

この科学的なプロジェクトは戦争によって遅らされたが、シカゴ大学気象学科は戦時中にとてつもなく拡張された。ロスビーと彼の同僚たちは、軍の気象担当者約一七〇〇名を一年間のコースで訓練した。同様にその他の機関でも、地球物理学のほかの分野においても、戦闘員が戦場となる地域の風、海、海岸についてあらゆる知識を求めたことから教育と研究の事業が盛んになった。これは良い結果を生んだ。気象学者とその他の地球科学者が、爆撃からノルマンディー進攻まですべてに関して生死にかかわる情報を提供したからだ。

一九四五年、戦争が紆余曲折を経ながらも終局に近づくにつれて、科学者たちはこれらの事業はどうなるのだろうと考えた。米国海軍はこの件に乗り出し、新設された海軍研究局を通じて基礎研究に資金を提供することを決めた。科学に対する支援は、のちに軍の別の部門でも開始され、多くの目的で科学者を必要とすることになると考えた士官たちによって推進された。先の大戦は、レーダーや原子爆弾など十年前には想像するのがやっとだった何十種類もの科学的装置によって、勝敗が決まったとはいかないまでも期間が短縮されている。次に基礎研究が何を発見するかなど誰にわかるだろう？専門家の協力をすぐに得られる体制は、いつか将来の非常事態において不可欠なものとなるかもしれない。一方では、有名な発見をした科学者は、ソ連との間で始まりつつある地球規模の競争――いわゆる冷戦――においてアメリカに威信をもたらしてくれる。したがって優れた科学者に対しては、どのような問題を追求することに決めていようと関係なく、彼らを支援すべき理由があったのだ。それでも、科学の一部の分野はほかの分野にくらべて、国家に長期にわたる利益を提供しうるという観点でより有利だった。

物理的な地球科学はその特権的な分野の一つだった。軍の将校は、軍事行動を実施する際の環境について、深海から大気のてっぺんまでほぼすべてを理解する必要があるということを認識していた。地球物理学的なすべてのことの複雑な相関性を考えて、軍の各部門は数多くの種類の研究のスポンサーを喜んで引き受けた。したがって、立派な実際的な理由から、アメリカ政府は最も広い意味での地球物理学的な研究を支援していたのだ。もし純粋に科学的な発見がその途中で生じたら、それは歓迎すべきボーナスとなる。

気象学は特に優遇された。空軍は当然のことながら風に関心があり、とりわけ気前よく支援していたが、その他の軍機関および民間機関も、いずれ天気予報の精度を向上させるかもしれない研究を奨励した。毎日の予報のほかに、意図的に天気を変えることを夢見る専門家もいた。ヨウ化銀の煙によって雲に「種をまく」ことで雨を降らせる計画が一九五〇年代に世間の注目を集め、官僚や政治家たちもこの件を気に留めた。アメリカ政府は、時宜を得た雨による農業の向上を期待して気象学のさまざまな研究に資金提供することを迫られた。天気を理解している国家は、干ばつまたはやむことのない雪——まさに「冷戦」！——によって敵を全滅させることも可能かもしれない。少数の科学者は、雲の種まきなどの手段による「気候学的戦争」は核爆弾すら上回る強大な力をもつようになりかねないと警告した。

これらの計画はすべて、ある特定の地域内の一時的な天気を予報あるいは操作するにはどうすればいいかという問題に取り組むものだった。地球全体の長期的な気候変化に関する問題は人気のある研究分野ではなかった。なぜ、たとえばCO_2増加による地球規模の影響についての研究に金を出す？　そのような変化は今後何世紀も起こるはずのないことだし、むしろ永遠に起こらない可能性のほうが高いのに。

ギルバート・プラスに温室効果による温暖化を研究するようにと勧めた者は誰もいない。海軍研究局が彼を支援したのは、赤外放射を研究しているジョンズ・ホプキンス大学の実験グループのために理論的な計算をさせることが目的だった。プラスがのちに語ったように、彼が気候変化に興味をいだいたのは純粋な科学の話題を幅広く読んでいたからにすぎない。たまたま、氷河時代はCO_2量の変化によって説明できるとする疑わしい理論を目にしたのだ。プラスは正式な仕事に加えて、大気中のCO_2がどのように赤外放射を吸収するのか研究するのが習慣になった。分析が終わる前に、彼は南カリフォルニアに移ってロッキード航空機製造会社の研究グループに加わり、熱追跡ミサイルなどの兵器類に直接関係する赤外吸収の問題を研究することになった。その一方で、彼は温室効果に関する研究結果を詳しく書き記した――「夜の間にね」と彼は振り返る。兵器の研究の息抜きに書いたのだ、と。(2)

プラスは、温室効果による気候変化の理論に対する過去の反論を知っていた。赤外吸収が起きるスペクトルの部分では、すでに大気中に存在しているCO_2と水蒸気がすべての放射を妨げているので、CO_2の濃度が変化しても問題ではない、という内容だ。これに対する疑問が、一九四〇年代に新たな測定と改良された理論的アプローチによってもちあがっていた。昔の測定は海面気圧で〔実験装置内の気圧を海面での気圧とほぼ同じにして〕おこなわれていたため、大気の上部にある極寒で希薄な空気についてては実はほとんどわからなかった。赤外吸収の大部分が生じるのはその場所なのだ。海面の気圧で完全に放射をさえぎっていた太いバンドが、そこでは狭いスペクトル線の群れに分解している。杭垣〔ピケットフェンス〕のようにすき間が空くので、その間を放射がすり抜けることが可能なのだ。低い気圧での新たな高精度の測定は改良された理論によって裏づけられ、放射が吸収される量はCO_2の増加によってほんとうに変化するかもしれないということが示唆された。

これ以上具体的なことは、大規模な計算を実施しなければ何も言えない。幸運にも、プラスは新たに発明されたディジタル計算機を利用できる立場にあった。延々と続いた計算の結果、CO_2を増やしたり減らしたりすると大きな影響があり、地表面から宇宙空間に逃げる放射の量が大幅に増減する可能性があることが証明された。一九五六年にプラスは、人間の活動によって地球の平均温度が「一世紀ごとに一・一度のペースで」上昇するだろうと発表した。

プラスの計算はあまりにも粗雑で、ほかの科学者を納得させるにはいたらなかった。水蒸気と雲に起こりうる変化などの決定的な要因が省かれていたからだ。だが、中心となる論点はたしかに証明された。温室効果は、CO_2が増えても何も変わらないという昔の主張によって片づけることはできないという点だ。彼は、気候変化は「未来の世代にとっての深刻な問題」となりうると警告した――数世紀先の話ではあるが。アレニウスやカレンダーと同様に、プラスはもっぱら氷河時代の謎に興味をもっていた。もし世界の気温が二〇世紀末まで上昇を続けたら、それは主として科学者にとっての問

題となるだろうと彼は考えた。CO_2による気候変化の理論が裏づけられることになるからだ。(3)

ロッキード社からそれほど遠くない場所にカリフォルニア工科大学があり、そこではデイヴ・キーリングがCO_2に関する独自の問題を追求していた。彼はプラスの論文を読み、実際に話をして、感銘を受けた。キーリングは大気中のCO_2濃度のゆらぎの研究を開始したとき、農業への応用の可能性を語っていた。だが、ほんとうに興味があったのは地球規模における地球化学の純粋な科学的研究だった。どのようなプロセスがCO_2濃度に影響を及ぼし、その濃度は次に何に影響を及ぼすのだろう?

そういった疑問に答えるためには、市販されている機器で達成可能な水準を超えた精度での測定が必要だった。キーリングは何か月もかけて研究し、工夫を凝らし、作業を続けて、独自の機器をつくり上げた。しんぼう強く技術を磨きながらカリフォルニアじゅうのさまざまな場所の空気を測定していくうちに、手つかずの自然が最も残っている場所では同じ数値が出ることに気づいた。これが、大気中のCO_2のほんとうの基線レベルに違いない。風上にある工場や農場からの放出によるパルスが通過する下に、この濃度が存在しているのだ(CO2をモニターしていた例の北欧の科学者たちはそのようなものを目にすることをまったく期待していなかったため、キーリングがなんとかやり遂げたように技術の誤差をすべて探りだすことができなかった)。

次の疑問は、CO_2濃度はプラスやカレンダーが怪しんだように徐々に上昇しているのかという点だった。この疑問について研究資金を得られる可能性は低かった。専門家は、CO_2量が上昇するとしてもゆるやかすぎるので今後何世紀も問題にはならないと信じており、おそらくまったく上昇するはずがないだろうと思っていた。たとえプラスが赤外放射吸収の事実は温室効果による温暖化の可能性を除外するものではないと証明したとしても、この理論に対する別の有力な反論が残っていたからだ。われわれ人間が大気中に余分なCO_2を放出したところで、すべて海が飲み込んでくれるだけのことではないのか？

ちょうどそのころ、炭素の動きを新たな道具によって追跡することが可能になっていた。その道具とは放射性炭素――放射性同位体である炭素14だ。このような同位体は、戦時中に核兵器をつくる作業のなかで熱心に研究されるようになり、そのペースは戦後もゆるんでいなかった。ソ連の核実験による放射性降下物を感知するために高精度の機器が開発され、少数の科学者はその装置を放射性炭素の測定に転用した。彼らの研究は冷戦とはかけ離れた立場の人々からの支援も集めた。考古学者や彼らを支援する慈善家は、放射性炭素の測定によってミイラや洞穴の骨など古代の遺物の正確な年代をつきとめる方法に興味をそそられていたのだ。この同位体は高層大気中でつくられる。太陽系外の宇宙空間から来た宇宙線粒子が大気中の窒素原子にぶつかるときに生じるのだ。放射性炭素の一部は生物の体内に取り込まれる。生物が死んだあと、体内の同位体は時間あたり一定の比率で何千年にもわたってゆっくりと崩壊していく。したがって、ふつうの炭素との比率で見て、放射性炭素が少ししか残っていない物体ほど古いということになるのだ。

この物語のなかに登場する大部分の測定法と同じように、放射性炭素年代測定法を実際におこなうのは原理を説明するよりもはるかにむずかしいことだった。外の炭素によるサンプルの汚染を（研究者の指紋からですら）厳重に除外しなければならないのはもちろんだが、そんなことは序の口にすぎない。顕微鏡スケールのサンプルを取り出して処理するためには慎重な作業が必要だ。それに、測定結果は部屋の温度や気圧まで考慮して調整しなければならないということが理解されるまでは、いらいらするほど不確かな数値ばかりが表されていた。

放射性炭素の新たな専門家の一人である化学者ハンス・ズュースは、この技術を地球化学の研究に応用することを思いついた。化石燃料である石炭や石油を人間が燃やしたときに放出される炭素はほんとうに古く、その放射能は大昔に失われているということに気づいたのだ。彼は樹齢一〇〇年の木から木材を集めて、それを現代のサンプルと比較した。一九五五年、ズュースは昔の炭素が現代の大気に加えられていることを見つけたと発表した。おそらく化石燃料を燃やしたことで放出された炭素だ。だが彼は、この加えられた炭素は大気中のすべての炭素のわずか一パーセントだと判断した――そしてあまりにも低いこの数値に、化石燃料から生じた炭素の大部分はすぐに海に取り込まれているのだと結論づけた。ズュースがより正確な測定値を得ることに成功するのは、それから一〇年後のことだった。そして、大気中の化石燃料起源の炭素の割合ははるかに高いという結果が示されるのだ。

放射性炭素の測定がどれほど慎重を要することかは誰でも知っていて、ズュースのデータが準備段階のもので不安定だったことはあきらかだった。彼が証明した重要な点は、化石炭素が実際に大気中に現れているという事実だ。さらに研究すれば、化石燃料の燃焼に由来する炭素を海が吸収するのにどれだけの時間がかかるのか正確に突き止められるかもしれない。この問題は興味をそそるものだった。なぜなら、ある海洋学者が認めたように、「それに一〇〇年かかるのか一万年かかるのか誰にもわからない」からだ。(4)

この海洋学者はロジャー・レヴェルといい、活動的な研究者兼管理者として、カリフォルニア州サンディエゴの近くにあるスクリプス海洋研究所の拡張を推進していた。大平洋を見おろす印象的な崖の上に立つスクリプスは、戦前は、静かで孤立しており、無駄話ばかりしているわずか一ダース程度の研究員がいて、研究船一隻を保有しているという、当時の典型的な海洋研究機関だった。個人的な後援に頼っていたが、大恐慌によってスクリプス家の財源が影響を受けたときに後援の規模は小さくなった。戦後のスクリプスは戦前とはまったく異なり、現代的な研究室の集合体に変わりつつあった。レヴェルはカリフォルニア大学を通じて国庫から受けた基本的な支援を補うために、海に関連する研究を当然支援する立場にある海軍研究局やその他の政府機関との契約にもとづき、さまざまなプロジェクトの研究費を獲得した。レヴェルの数ある名案の一つは、研究費の一部を使ってズュースを雇ってスクリプスに招き入れ、放射性炭素の研究を続けさせることだった。一九五五年一二月までに二人はすでに手を組み、専門知識を組み合わせて海の炭素について研究していた。

海水および空気の放射性炭素の測定値から、ズュースとレヴェルは標準的なCO_2分子一個が約一〇年以内に海洋の表層水に取り込まれると推定した。ほぼ同時期に同じ問題を研究していたほかの科学者たちもその結論を確認した。そう、海は人類が大気に加えた炭素の大部分をたしかに吸収していたのだ。残された疑問は、それが海面の付近に蓄積するのか、あるいは海水の流れによって海の深層に運ばれていくのかという点だけのように思われた。

レヴェルの研究グループはすでに、海洋表層水はどれくらいの速さで入れ替わるのかという問題を研究していた。これは国家的関心を寄せられるテーマだった。海軍と原子力委員会は核実験による放射性降下物の運命を気にかけていたからだ。日本人は魚中心の食生活を送っているため、魚類の汚染に大騒ぎしていた。そのうえ、もし海の流れが十分に遅ければ、原子炉から出る放射性廃棄物を海底に捨てることができるかもしれない。さまざまな深さにおける放射性炭素の測定などの研究が一九五〇年代にスクリプス海洋研究所やその他の機関で進められた結果、海水は平均して数百年で完全に入れ替わることが証明された。これは人間の産業によりつくり出されたCO_2を深海に押し流すのに十分な速さであるように思われた。

レヴェルはさまざまな研究を並行して実施するのが好きで、このとき彼の別の関心事が関係してきた。かつて一九四六年に、海軍はレヴェル中佐（彼は戦時中に海軍の階級を得ていたのだ）をビキニ環礁に派遣し、核実験に備えて礁湖を調査するチームのリーダーを務めさせている。海はただの塩水ではなく化学物質が複雑に混ざりあったものなので、さらに化学物質を追加することが、たとえばサンゴの炭素にとってどんな意味をもつか判断するのはむずかしかった。その後一〇年間、レヴェルは計算を試しては断念することを繰り返したが、ある日、海水の奇妙な化学的性質が海中に取り込まれるはずのすべての炭素を保持するのを妨げるのだということを悟った。

海水の混合化学物質は、水の酸性度を安定させる緩衝（バッファー）のメカニズムをつくり出す。このことは何十年も前から知られていたが、それがCO_2にとってどんな意味をもつか理解している者は誰もいなかった。このときレヴェルは、いくつかの分子が吸収されると、その存在が化学反応の連鎖を通じて平衡をずらすということに気づいたのだ。大気に加えられたCO_2分子の大部分が数年以内に海洋表層に入り込むのは事実だが、それらの分子（またはすでに海水中に存在していた分子）の大部分はすぐに蒸発する。レヴェルの計算によると、要するに海洋表面はほんとうはあまり多くのCO_2を吸収できない――以前の計算で予測されていた量のわずか一〇分の一だ。人間が大気に加えたCO_2はすぐには飲み込まれず、何千年という時間がかかるのだ。

それは一九五七年の出来事で、レヴェルがズュースと共著で出す放射性炭素の論文は書き上げられて、出版のために送ることのできる状態になっていた。レヴェルは原稿を見直し、少し変更を加えた。本文の大部分はそのままで、海は新たにつくられたCO_2の大部分を吸収しているという二人の当初からの意見を反映したものになっていた。追加された数行で、結局のところこれは起こらないであろうと説明された。画期的な科学論文にときどき見られるように、理解されはじめたばかりの時期に急いで書かれたため、レヴェルの説明はあまりにもあいまいで、ほかの科学者がそれを理解して受け入れるまでに二、三年かかった。レヴェル自身もすべての意味を完全に把握していたわけではなかったのだ。短い説明と一緒に、彼が急いでおこなった計算の結果も発表された。それによると、大気中のCO_2量は今後数世紀の間に徐々に増えたのちに、全体で四〇パーセントかそれ以下まで増加したところで横ばいになるということが示されていた。

この安心させるような結論は、あまりにも低すぎる見積もりだった。レヴェルは、今後何世紀もの間の産業からの放出が一九五七年時点での時間あたりの量のまま続くと想定したのだ。人口増加と工業化の両方が急速に爆発的に進みつつあるという驚くべき事実を把握していた者は、まだほとんどいなかった。二〇世紀が始まってから終わるまでの間に、世界の人口は四倍になり、標準的な一人当たりのエネルギー使用量も四倍になるのだから、CO_2排出量は一六倍になるのだ。それでも二〇世紀半ばの時点では、二度の世界大戦と大恐慌のせいで、科学技術先進国の大半は今後起こりうる人口の減少を心配していた。そういった国々の工業の進歩は緩慢に見え、当時の一〇年間はその前の一〇年間と同じくらいのペースでしか発展していないように思われた。中国やブラジルなどの「進歩の遅れた」地域では、工業化ははるか未来の可能性として以外はほとんど誰も計算に入れていなかった。

異なる意見が広まりはじめていた。特に、カリフォルニア工科大学でのキーリングの恩師だった地球化学者ハリソン・ブラウンはより現実的な未来図を描き、爆発的な人口増加と工業化を予想していた。レヴェルはこういった意見を耳にしており、ズュースとの共著で書いた論文を出版のために送る前に、注釈を付け加えた。CO_2の蓄積は「もし産業による燃料燃焼が幾何級数的に増大を続ければ、今後何十年もの間に重大な意味をもつようになるかもしれない」という内容だ。さらに結論として次のように述べた。「人類はいま、ある種の大規模な地球物理学的実験を実施しつつある。その実験は過去には起こりえず、未来に再現されることも不可能だ(5)」

レヴェルは「実験」という言葉を昔からある科学的な意味で使った。地球物理学的なプロセスを研究する好機という意味だ。それでも彼は、将来的な何らかのリスクがあるかもしれないということは認識していた。ほかの科学者たちも、プラスとレヴェルの難解な計算の意味を徐々に消化するうちに、軽い懸念を感じはじめていた。大気中のCO_2を増やすことはやはり気候変化の原因となりうるのだ。そしてその変化はSF小説に出てくるようなはるかな未来ではなく、次の世紀の間にも起こりうるかもしれない。

レヴェルとズュースは、アレニウスやカレンダーやプラスなどそれまでに地球温暖化の発見のために貢献してきたすべての人々と同じように、この問題を副次的なテーマとして取り上げていた。論文を二、三本書くチャンスがあると考え、最も重要な研究課題から一時離れて取り組むものの、すぐに元のテーマに戻っていった。もしこの人たちのうちの誰か一人でも好奇心が少し低いか、忍耐を要する思考と計算に対する献身度が少し低かったら、地球温暖化の可能性が気づかれるまでにさらに何十年もかかっていたかもしれない。また、一九五〇年代に軍の機関が気前よく金をばらまいていたことも歴史的な偶然だった。冷戦がなければ、CO_2の温室効果を解明することになった研究に対する資金もわずかだったはずだ。このテーマを実際的な問題と結びつけていた者は皆無だった。米国海軍は、尋ねるつもりもなかった疑問に対する解答を買い取ったのだ。

レヴェルとズュースはいまでは、温室効果による温暖化の「大規模な地球物理学的実験」についてさらに知りたくなっていた。彼らの論文に注目したものはわずかしかいなかった。専門的な主張が複雑でむずかしかったからだ。海軍などの政府機関がこの問題にさらに多くの資金をつぎ込むことはほとんど期待できなかった。そういった機関が知る必要のあるどんな事柄からもかけ離れているように思えるだけでなく、たいへんな努力なしでは科学的な情報がもたらされそうにない。幸運にも、ちょうどそのとき別の財布の口が開いた。新たな資金は平和な国際主義から来たもの（あるいは、来ているように見えたもの）だった。国家的な軍事衝動とはまったくかけ離れた資金源だ。

地球物理学はいやがおうでも国際的だ。海流や風は毎日、地域と地域の間を流れている。それでも、二〇世紀半ばまでは大部分の地球物理学者はある一つの地域内の現象を研究し、しかも多くの場合、研究対象は一つの国全体ですらなく国の一部分だった。さまざまな国籍の気象学者の間の協力関係は存在したが、お互いの論文を読んだり、お互いの大学を訪問したりといった、すべての科学に共通するゆるやかな非公式のつながりだった。彼らは徐々に、その研究テーマの性質から、大部分の科学者よりも密接に力を合わせるようになった。一九世紀後半には、この分野のリーダーたちが複数の国際会議で連続して顔を合わせ、そのことが国際気象機関の設立につながった。同様の組織的な動きは地球物理学分野全体を強化しつつあり、そのなかには気候の研究に関連のある分野の大半も含まれていた。すでに一九一九年には国際測地学・地球物理学連合が設立され、海洋学など専門分野ごとに別々の部会に分かれていた。アメリカ地球物理学連合もやはり一九一九年に新設され、その他の国内学会やドイツの *Zeitschrift für Geophysik*（地球物理学雑誌）をはじめとする学術誌数誌もあとに続いた。しかし、これら初期の団体は強いつながりをもたらすにはあまりにも弱かった。地球物理学者と呼べるような個人の大半は、研究の大部分を地質学や気象学などといった一つの分野の領域内でおこなっていた。そしてほぼすべての研究プロジェクトが個々の国内だけで実行されていた。

第二次世界大戦後、各国政府は科学における国際協力を支援する新たな根拠を見いだした。この時期には国際連合が結成され、ブレトンウッズ会議〔一九四四年にニューハンプシャーのブレトンウッズで四四カ国参加のもとに開かれた連合国通貨金融会議〕で金融制度が決定され、その他にも多国間の取り組みが数多く実施されていた。その目的は、あまりにも多くの恐怖と死をもたらした利己的な国家主義を超える共通の関心によって人々を結びつけることにあった。冷戦が始まっても、この動きはますます強くなるばかりだった。直前の戦争で何千万という人々が殺されたのに対して、核兵器は何億もの人々を殺すことができるのだ。国際協力が盛んな領域をつくり出すことが絶対に必要であるように思われた。科学は、その国際主義の長い伝統によって、最善の機会をいくつか提供していた。国境を越えた科学の絆をはぐくむことは、世界の主要な民主主義国家、特にアメリカにとっては明示された政策となった。知識を集めることが国際的組織をつくるための便利な口実になるというだけの話ではない。それ以上に、科学者の理想と流儀、開かれたコミュニケーション、命令よりも客観的な事実と合意を頼りにするやり方は、民主主義の理想と流儀をいっそう強いものにするはずだ。政治学者クラーク・ミラーが述べたように、アメリカの対外政策を決定した人々は、科学事業が「自由で安定し繁栄をもたらす世界秩序の追求と絡み合っている」と信じていたのだ。(6)

地球規模の大気の研究は、自然な出発点のように思われた。一九四七年に世界気象条約が採択され、気象事業は明示されたかたちで政府間の問題となった。一九五一年には国際気象機関に代わって世界気象機関、つまりWMO（このあと地球物理学に関するあらゆる事柄に顔を出すようになる多数の略語のうちの一つだ）が設立された。WMOは各国の気象官庁の組合で、すぐに国際連合の専門機関となった。これによって気象学の研究グループは重要な組織的および財政的支援を受ける機会が増え、新たな権力と威信を与えられた。だが、これほどの変化も、気候変化に関心をもつさまざまな分野の科学者を結びつけることにはあまり役立たなかった。

気候変化を研究する科学者のコミュニティーはいままで皆無だった。研究を進めているのは何らかの関心事をもつ個人のみで、このテーマのある特別な側面に数年間だけ注意が向けられる。太陽エネルギーの変化を研究する天体物理学者、放射性炭素の動きを研究する地球化学者、風の地球規模の循環を研究する気象学者には、共通する知識や専門技術はほとんどなかった。それぞれの分野のなかですら、専門化されていることにより、何かを教え合えるかもしれない人々どうしが隔てられている場合が多かった。学術会議で顔を合わせることや、同じ学術誌を読むことや、お互いの存在を知ることすらありそうになかった。ズュースをスクリプス海洋研究所に招いて手を組もう、つまり海洋学者と地球化学者の協力を実現しようと考えたレヴェルの決断は、優れた発想による例外だったのだ。

二〇世紀半ばまでは、二つ以上の分野において重大な仕事を成し遂げる科学者は少なかった。必要な知識はあまりにも深くなり、技術はあまりにも難解になっていた。別の分野の知識に精通しようとすると、そちらにエネルギーが割かれて、キャリアが危うくなってしまう。「ある分野の学位をもった状態で新たな分野に足を踏み入れるのは、ルイスとクラークが〔ネイティヴアメリカンの〕マンダン族の野営地に入り込むのと似ていないこともない〔ルイスとクラークはルイス＝クラーク探検隊のリーダー。同探検隊はルイジアナ購入地の調査のためにジェファソン大統領によって派遣され、一八〇四～〇六年に実施された〕」と述べたジャック・エディーは太陽物理学者で、気候変化の研究に取り組んでいた。「そこではよそものになる……手持ちの学位はなんの意味ももたず、無名の存在だ。すべてをゼロから学ばなければならない(7)」

コミュニケーションをさらに困難にしたのは、異なる分野には異なる種類の人間が引き寄せられているという事実だった。統計重視の気候学者のオフィスに行けば、よく整理された棚や引き出しがずらりと並び、そのなかには数字が整然と記された書類が積み重ねられているはずだ。のちの時代ならば、書棚の中身がコンピュータのプリントアウトになっているだろう。プログラムづくりに費やした無数の時間の成果だ。気候学者はどういう種類の人間かというと、おそらく少年時代は自宅に自分だけの測候所をつくり、毎年毎年、日々の風速や降水量を細かく記録していたはずだ。海洋学者のオフィスに行けば、七つの海の岸辺で見つけた珍品がごちゃごちゃと山積みになっているだろう。ある経験豊富な研究者が船上で波にさらわれて間一髪で溺死を逃れたときの話など、冒険譚を聞かせてもらえるかもしれない。海洋学者は「潮の香りのする」タイプになりがちだ。快適な我が家から遠く離れた長い航海も慣れっこで、歯に衣着せぬ性格でときには自己中心的にふるまったりする。

　これらの違いは、使用するデータの種類といった実に基本的な事柄の多様性と一致していた。たとえば気候の専門家は、世界中の何千もの測候所から技術者が標準化されたデータを報告してくるＷＭＯのネットワークに頼った。海洋学者は個人で観測機器を組み立てて、わずかな調査船のうちの一隻の船側から海に下ろしていた。気候学者の天気は一〇〇万個の数値をもとに作成されたもので、海洋学者の天気——横なぐりのみぞれか、執拗な暖かい貿易風——とはまったく異なっていた。技術的な相違すら存在した。ある気候の専門家も一九六一年に次のように述べている。「たとえば気象学、海洋学、地理学、水文学〔地球上の水の生成・循環・性質・分布などを研究する地学の一部門〕、地質学および雪氷学、植物生態学および植生史学など、あまりにも多数の分野——これらはほんの一部だ——がかかわっているという事実により……十分に確立された共通の定義や方法を用いて研究することが不可能となっている[8]」

　このような細分化は耐えがたいものになりつつあった。一九五〇年代半ばには、少人数の科学者の集団が、地球物理学のさまざまな分野の間の協力を盛り上げるための計画を練った。彼らの願いは、国際的な規模でのデータ収集の調整と——それと同じくらい重要な希望として——各国政府に地球物理学の研究に対する資金援助を一〇億ドルほど増額するよう説得することだった。この計画は、一九五七—一九五八年の国際地球観測年（IGY）の実施というかたちで成功をおさめた。IGYによって数多くの国々の一ダースもの分野にわたる科学者が団結し、委員会で交流しながら、過去に例がないほど大規模の学際的な研究プロジェクトを計画、実行することになったのだ。

さまざまな動機が集中したことがIGYの実現を可能にした。主催した科学者のおもな希望は科学知識を進歩させることと、それによって自らの個人的キャリアを進歩させることだった。資金を提供した政府官僚は、純粋な科学的発見に無関心ではないものの、新しい知識には民間および軍事向けの用途があるはずだと期待していた。アメリカおよびソ連の政府とその同盟国はさらに、冷戦の競争における実際的な優位を勝ち取ることを望んでいた。IGYの旗印のもとでなら、潜在的な軍事的価値をもつ地球規模の地球物理学的データの収集が可能だ。その途中で、それぞれの国がライバル国に関する情報を集めつつ、自らの威信を高めたいと願った。逆に、科学者や官僚の一部は、IGYの助けがあれば対立する強国間の協力関係の模範を示すことができるのではないかと願っていた——実際にそうなったように。世界がもっと静かだったらはたして各国政府が海水や空気について知るためにこれほどの大金を費やしたかどうかは、議論の余地のある問題だ。動機はなんであれ、その結果として六七カ国の数千人の科学者が参加した協調努力が生まれた。

気候変化は、IGYの優先順位のなかでは低かった。だが、これほど多額の新たな資金が手に入ったのだから、気候に関する研究テーマにもいくらか割り当てられるはずだ。CO_2の研究はその小さな例だった。資金のアメリカの取り分を割り振るための委員会で、レヴェルとズュースは地球上のさまざまな地点で同時に海水と空気の中のCO_2を測定するというささやかな計画を主張した。それはたいして費用がかからないため、委員会はいくらかの資金を与えた。レヴェルはこの仕事をキーリングに任せることを以前から考えていたので、この若き地球化学者を雇ってスクリプス海洋研究所に招き、世界調査を実施させた。レヴェルの目標は、世界中のCO_2量の基準となる「スナップショット」を確定することだった。時期や場所の違いによる大きな変動を平均した数値だ。一、三〇年後に、誰かがこのテーマに立ち戻り、新たなスナップショットを撮れば、平均的なCO_2濃度が上昇したかどうか確かめることができる。

キーリングはそれよりも上を目指していた。「キーリングはおかしな男だ」とレヴェルはのちに述べている。「彼は自分の腹の中でCO_2量を測定したがる……しかも、可能なかぎり最高の精密さと最高の正確さをもって測定したがるんだ[9]」。最高の正確さは高価な新しい装置を要した。CO_2濃度のように大きくゆらぐデータを測定するためには、大半の専門家が考えるよりもはるかに精密な機器が必要だった。キーリングは鍵を握る官僚にはたらきかけて、観測機器を買うための資金をもらえるように説得することに成功した。彼はそのうちの一台をハワイ島のマウナロア火山の頂上に設置した。そこは周囲を何千マイルもの清らかな海に囲まれており、何ものにも乱されていない大気を測定するには地球上で最適の場所の一つだ。もう一台の装置は、さらに手つかずのままに近い自然を保っている南極に運ばれた（ここでは研究者は軍の兵站支援に全面的に依存していた。冷戦中軍事活動がおこなわれたうちの文字どおり「最も寒い」場所だった）。

キーリングの高価な機器は、誤差の原因となりうるものをすべて厳しく追跡した彼の努力もあって、よい結果を生んだ。南極では、キーリングはCO_2測定値の変化の原因をたどり、近くに置かれた機械からの放出をつきとめた。マウナロア山では、火山自体の噴火口からもれているガスのせいだった。こういった問題を詳細まで綿密な注意によって追跡することで、キーリングは大気中のCO_2濃度の基線について驚くほど正確で安定した数値を確定した。彼が測定した南極のデータの最初の一二か月には、その一年間だけでも上昇が見られることが暗示されていた。

だが、IGYは終わりに近づいていた。一九五八年十一月には、研究費の残額があまりにも少なくなり、CO_2のモニタリングを中止せざるをえなくなりそうだった。キーリングはさらに多くの資金を見つけようと苦労した。ズュースとレヴェルは、原子力委員会がほかの用途のためにスクリプス海洋研究所に与えていた補助金のごく一部を転用した（当時は現在よりも、各機関から支援される研究費の使い方は科学者にまかせられていた）。一九六〇年、南極のデータまる二年分を手にしたキーリングは、CO_2の基線レベルが上昇していることを報告した[10]。上昇のペースは、産業により放出されるCO_2の大半を海が取り込んでいない場合に推測されるペースとほぼ同じだった。

一九六三年、資金は完全に底をつき、CO_2のモニタリングが中止された。キーリングの研究の重要性をすぐに認識していた科学者もいたとはいえ、何年も続くかもしれないような気候調査に資金を出す責任を感じた機関は皆無だった。一方でキーリングは、国立科学財団（NSF）に研究費交付を申請していた。NSFは連邦政府の独立機関で、ささやかな予算で一九五〇年に創設された。NSFの状況は、ソ連のスプートニクやその他の人工衛星の打ち上げがあったあと、一九五八年に改善されていた。アメリカ国民にとってスプートニクは、核装備ミサイルに対する自国の無防備さを実証する

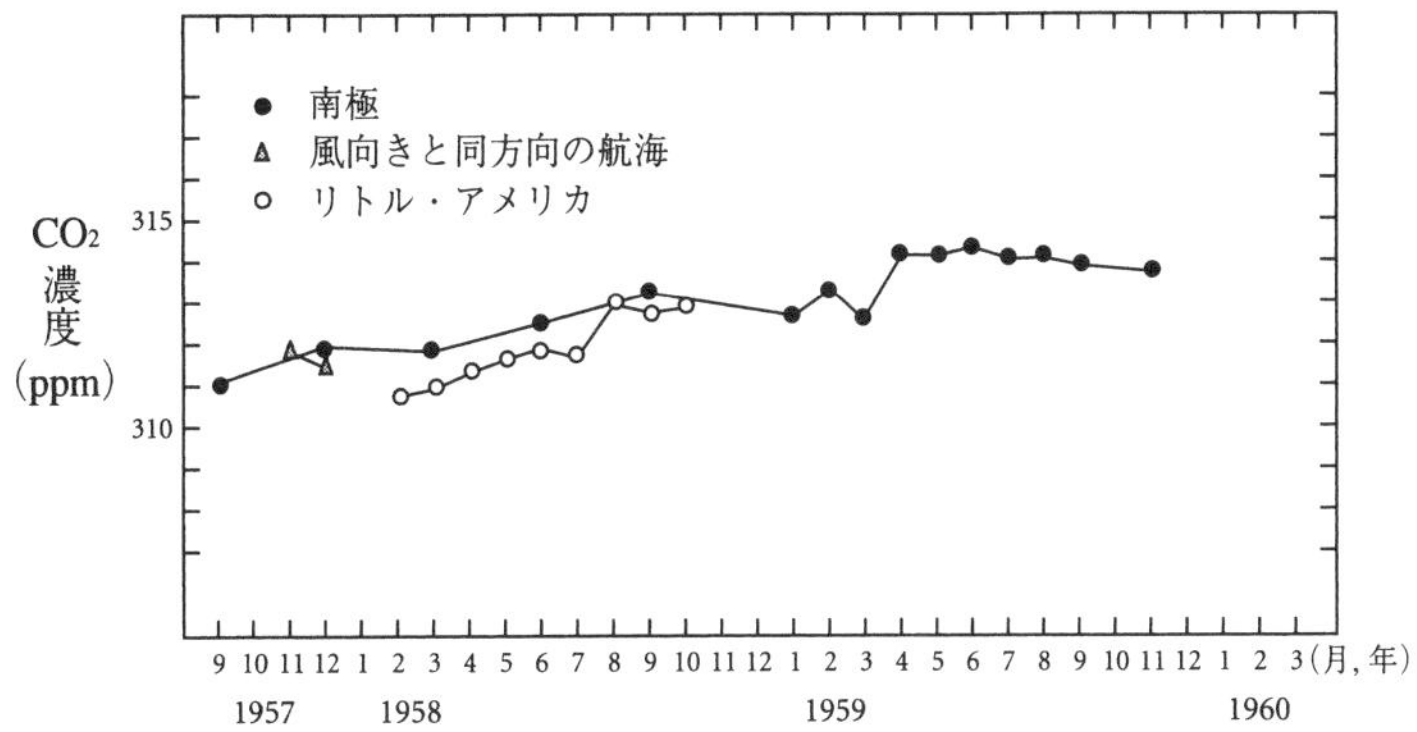

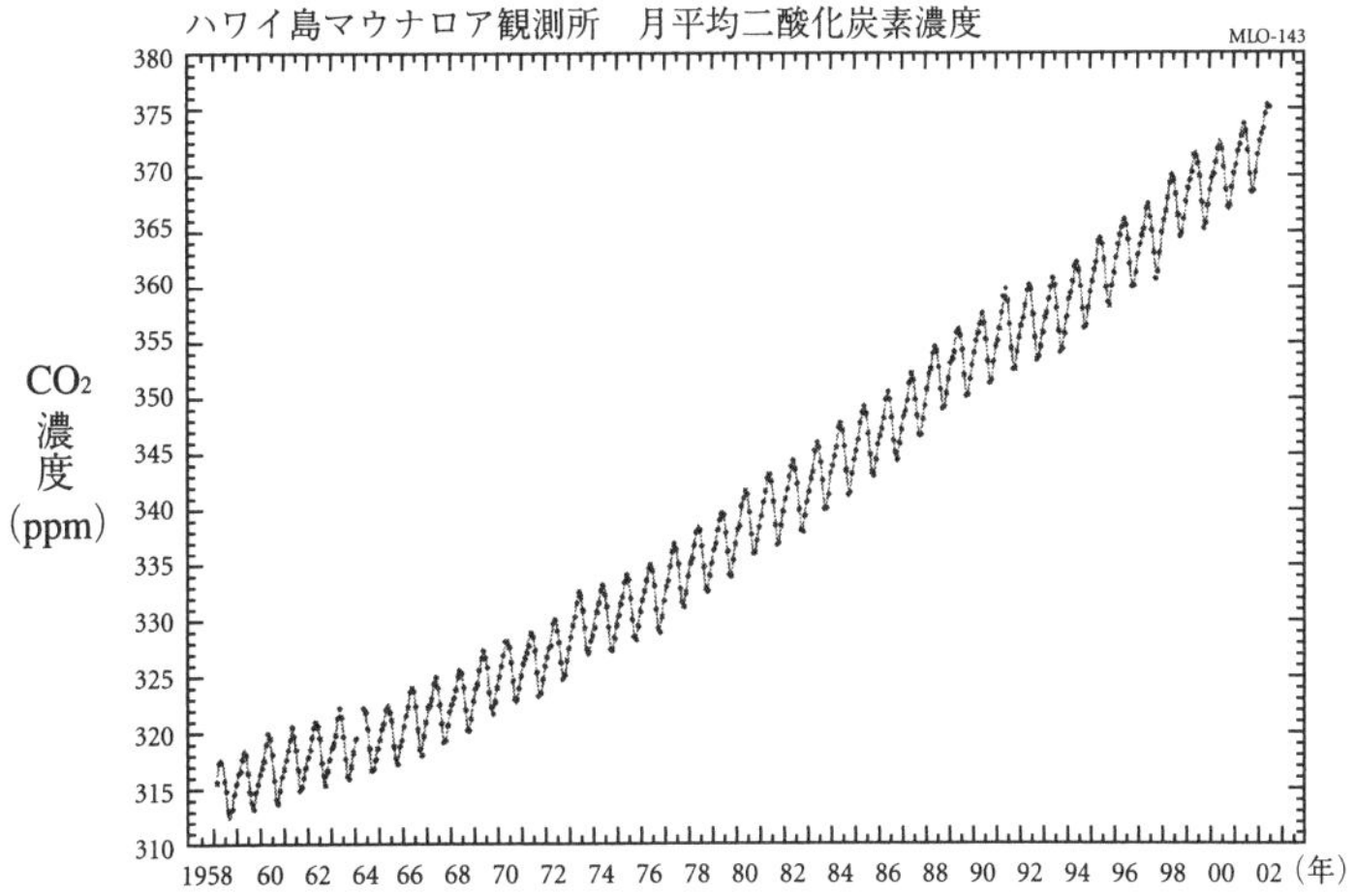

図1　大気中の二酸化炭素濃度の上昇

上：大気中のCO_2濃度の上昇は1960年に南極圏で最初に実証され，わずか2年間の測定ではっきりとわかった。(C.D. Keeling, *Tellus* 12, p.200, 1960, 許可を得て転載.)

下：半世紀近くの期間にわたってハワイ島マウナロア山で測定されたCO_2の「キーリング曲線」. 長期の上昇の中に1年周期の変動があるのは，北半球の植物が夏の成長期に炭素を吸収して冬枯れの時期にそれを放出するため. 1964年春に資金が底をついた時期の空白に注目.（スクリプス海洋研究所の許可を得て転載.）

脅威の存在で、科学技術におけるソ連のリードを証明しているように思えた。アメリカ政府はただちに科学のあらゆる分野に対する資金提供額を増やした。財布がいっぱいになったNSFは、基礎研究に対する国家支援の多くを軍機関から引き継いだ。そのささやかな結果の一つとして、キーリングは資金を受け取り、マウナロア山の測定を短い中断をはさんだだけで続行することができたのだ。

　マウナロア山のデータが蓄積するにつれて、その記録はますます強い印象を与えていった。CO_2濃度は年々いちじるしく上昇していたのだ。キーリングにとって一時的な仕事として始まった研究は、生涯の仕事に変わりつつあった——気候変化に生涯を捧げることになる多くの科学者のさきがけだ。それから数年以内に、キーリングの厳然たるCO_2の上昇を示す曲線は科学的なレビューパネル（検討委員会）や科学ジャーナリストによって大いに引用された。温室効果の中心的な象徴となったのだ。

　キーリングのデータは、ティンダル、アレニウス、カレンダー、プラス、そしてレヴェルとズュースが築いた建物に冠石（かむりいし）をかぶせたのだ。これは地球温暖化の完全な発見ではなかった。地球温暖化の*可能性*の発見だ。地球の気候に実際には何が起きるのか、専門家はさらに何年も議論を続けることになる。しかし、情報に通じた科学者なら、私たちが放出している温室効果気体が地球を温暖化させる可能性をすぐに退けることはもうできなかった。あの奇妙で見込みのない理論がいまや繭からかえり、深刻な研究テーマとして飛び立ったのだ。

第三章 微妙なシステム

コロラド州ボールダーの人々にとって天気は大きな意味をもつ。ここは登山者とスキーヤーの町で、そのなかにはかなりの数の科学者も含まれている。冬の風は自動車を道路から押し出すこともあるほどで、夏は町を見おろす丘の上に座れば、雷雨が稲妻とともに揺れ動きながら高原を横切っていく様子が見られる。ボールダーで最も目を引く光景の一つは、国立大気研究センター（NCAR）の赤い砂岩のビルだ。沈滞した気象局以外の研究の場を求める科学者の圧力により、一九六〇年に連邦議会によって創設されたNCARは、急激な豪雨から気候まで大気のあらゆる事柄の科学的研究を専門におこなう機関である。ボールダーは、一九六五年八月に開催された「気候変化の原因」に関する会議にうってつけの場所だった。この会議は当時は大部分の科学者にほとんど注目されなかったが、振り返ってみるとこれが転機となった。

会議の主催者は意図的に、火山から太陽黒点まであらゆる分野の専門家を集めて、海洋学者ロジャー・レヴェルに座長を務めさせた。講演やパネルディスカッションでは対立する理論が衝突して活発な議論があふれ、レヴェルは並外れた統率力を発揮して会議が脱線するのをどうにか防いだ。会議のおもな目的は、氷河時代に関する多くの対立する解釈を昔ながらの落ち着けるやり方で検討することにあった。ところが、気候の将来に対する新しい不吉な見かたを示す新たな意見で沸き返っていた。地球の気候は安定したままの状態を保つ単純なメカニズムであるというような古い考え方で論じることはできないというのが、科学者の一致した意見だった。複雑なシステムで、危ういバランスで保たれている。このシステムは劇的な変化の危険な可能性を示していた。それはひとりでに起きるか、あるいは人間のテクノロジーの介入によって発生する変化で、誰も考えていなかったほどすばやく訪れる。

ボールダーの会議では、気候だけでなくそれを研究する方法も新たな観点から見られた。統計を編集するおなじみの変わらない気候学は、これらの科学者の興味をまったく引かなかった。彼らは堅実な数学や物理学をもとに、微生物学から原子核化学までさまざまな分野を必要とする新しい技術に助けられながら、自分たちの知識を築き上げようとしていた。だが科学だけでは、人間の経験の基本要素の一つに関する見かたの根深い変化を説明することはできない。さまざまな出来事が、現代社会のあらゆる人々の考え方を変えていったのだ。

人間のテクノロジーは地球物理学的な意味をもつ力で、地球全体に影響を与えることが可能なのだろうか？　まさかそんなはずはない、と一九四〇年当時の大半の人々は考えた。きっとそうだ、と一九六五年当時の大半の人々は考えた。このどんでん返しの原因は、地球温暖化について科学者が知っていることに何らかの変化があったからではない。人間が及ぼす影響に対する一般大衆の懸念が高まったのは、テクノロジーと大気の間にもっと目に見えるつながりが存在していたからだ。その一つは、大気汚染の危険に対する認識が増したことだ。一九三〇年代、市民は工場から立ちのぼる煙を見て喜んでいた。汚れた空は仕事があることを意味していたからだ。だが一九五〇年代になると、工業化した国々で経済が急成長して平均寿命が延びるにつれて、歴史的な転換が始まった。貧困についての悩みが慢性的な健康状態についての悩みに変わっていったのだ。医師は、大気汚染が一部の人々に致命的な危険をもたらすことに気づきつつあった。それと同時に、石炭を燃やしている工場から出る煙に加えて、急増する自動車の排気ガスが登場した。一九五二年に多数のロンドン市民を窒息死させた「殺人スモッグ」は、私たちが空気中にまき散らしているものが実際に数日間で数千人の人々を殺すことが可能だという事実を証明した。

一般大衆が空気に注目したのは、雲に「種をまく」ことで雨を降らせる試みのニュースのせいでもあった。科学者はそれ以外の技術的トリックについて表立って考えをめぐらせた。たとえば、日射をさえぎるために大気中のある高度を選んで粒子の雲を広げるというようなトリックだ。ジャーナリストやSF作家は、そのような技術があればソ連はいつかアメリカに致命的な猛吹雪をもたらすかもしれないと示唆した。空気中に物質をまき散らすことで人間が最大の規模で気候を変えられるというのはどうやらほんとうらしいが、それはよい方向の変化ではないかもしれない。

人々の考えに変化をもたらした最大の刺激は、原子力の驚くべき出現だった。急に、人間の力の及ばないことなど何もないように思えてきた。多くの人々にとって、無限のエネルギー源のニュースは希望に満ちて、ユートピア的ですらあった。その他数多くの驚異的な事柄の中で、専門家が考えをめぐらせたのは、原子爆弾を一斉投下して天気のパターンを操り、雨が必要な場所に正確に雨を降らせる方法だった。その一方で、科学者は核戦争が文明を破壊する可能性を警告した。人気映画や人気小説には、核戦争後に風に運ばれて全世界に広がった放射性降下物によりすべての生物が絶滅する様子が描かれた。

一九五〇年代末期には、核軍備競争の加速にともない、テクノロジーに関するユートピア的希望は薄れはじめていた。高まる不安は、核実験に反対する感情的な公開討論や集団デモというかたちで表現された。きわめて感度の良い装置を使えば、地球の裏側の核実験による爆発の放射性降下物を検出することができた——地球規模の大気汚染が初めて確認されたのだ。その後一九六二年にレイチェル・カーソンが『沈黙の春』を出版し、DDTなどの殺虫剤やその他の化学的汚染物質は死の灰と同じように世界中に広がり、汚染源の付近だけでなくあらゆる地域の生物を危険にさらす可能性があると警告した。不安の感情はさらに増した。テクノロジーが砂漠を庭園に変えることがあろうとなかろうと、庭園が砂漠に変わってしまう可能性があるのはあきらかではないか！

一般大衆の多くは、核実験による塵（ちり）がすでに天気に影響を及ぼしているのではないかと考えた。一九五三年ごろから、一九六〇年代半ばに大気中の核実験が終わるまでの間、核兵器反対論者が放射性降下物の目に見えない危険を憎しみをこめて指摘するうちに、一部の人々は季節外れの暑さや寒さ、干ばつや洪水のほぼすべてを遠方の核実験のせいにした。ある雑誌の記事では地球規模で温度が上昇している証拠が並べられ、筆者が「多くの人々は、すべての原因は原子爆弾なのではないかと考えている」と述べていた。(1)

この新たな脅威が呼び起こしたイメージや感情は、大部分の人々にとって夢や悪夢以外ではほとんど経験したことがないものだった。人類は自然の法則に反するテクノロジーを導入して、風や雨そのものをもてあそび、いたるところに汚染をまき散らしつつある。われわれは報復を引き起こしてしまうのか？「母なる自然」はわれわれの攻撃に仕返しするのではないか？　このようなぼんやりした不安は、気候変化のようなテーマのまじめな議論のなかでは気づくことができない。核兵器や化学汚染に関する論争を除けば、冒瀆や逸脱といった感情的な言葉はほとんど誰も使わなかった。だが、大衆はたしかに、自然災害は科学的法則だけでなく道徳律によっても起こるのだという漠然とした感情をもつようになっていた——罪深い人類の攻撃に対する罰だ、と。

もちろん、これはいまに始まったことではなかった。多くの部族民は、並外れて悪天候の冬などの気候災害を、人間の罪に原因があると考えていた。あるタブーに対する誰かの「汚れた」冒瀆行為のせいなのだ。だが一九五〇年代には、世界の破局にまで至るほどさまざまな種類の災難の話が、科学的にもっともらしいうわべをまとっていた。核兵器の備蓄量が増えるにつれて、根本主義者〔二〇世紀初頭米国に起こったプロテスタント教会の教義を信じる人々。聖書の記事を文字どおり信ずるのが信仰の根本であるとする〕による予言にかつてないほど大勢の人々が耳を傾けるようになっていった。その予言とは、火の雨が降り、血の川が流れ、争いと罪が世界の終末の到来を告げるというようなものだ。

人間のテクノロジーが地球全体を変えることはどうやら可能らしいとなったので、ジャーナリストは化石燃料の燃焼が気候変化を引き起こすかもしれないと言いやすくなった。世界が測定可能なほど暖かくなりつつあるという証拠は、大部分の気象学者を納得させるほど説得力をもつものになっていた。一九五〇年代の間、新聞読者は温暖化のエピソード、特に北極の温暖化を報じる小さな記事をたびたび目にした。たとえば、一九五九年に『ニューヨーク・タイムズ』紙は北極海の氷の厚さが前世紀にくらべて半分しかないということを報じている。それでも、その記事は「温暖化の傾向は、警戒すべきことと急速な変化とも考えられていない」(2)と締めくくられていた。化学汚染や核戦争とくらべれば、気候変化は時代遅れの問題で、十中八九無害だろう。

レヴェルは、困難が待ち受けているかもしれないと率先して提唱した。CO_2濃度の上昇が起こりそうだと計算するとすぐ、彼は科学ジャーナリストや官僚に地球温暖化について話をするために骨を折った。過去に気候が急に変化して、それが古代世界の文明全体の没落を引き起こしたのではないかという点を強調しながら、CO_2の温室効果が南カリフォルニアとテキサスを「ほんとうの砂漠」に変えてしまうかもしれないと警告した。一九五六年と一九五七年に議会で証言したレヴェルは、説得力のある新しいある隠喩を最初に用いた一人となった。「地球そのものが宇宙船なのだ」と彼は言った。この船の空気調整システムを監視するべきだ、と。(3)

レヴェルは、大きな気候変化が起こるのは何十年も先だろうと思っていた。あるいは、永遠に起こらないかもしれない。彼はただ、政府を刺激してIGYやその他の地球物理学的研究全般に資金を出させるつもりだっただけなのだ。不吉なことを予感していた人は、ほかにはわずかしかいなかった。「どうやらわれわれには、できるかぎりたくさんの二酸化炭素をつくり出すべき根拠がいくらでもあるようだ」と、大衆向けのある本は結論づけていた。「より暖かく雨の少ない世界にわれわれを導きつつあるのだから」(4)。いずれにせよ、二一世紀までは何も起こらないはずだ——一九五〇年代から見れば、ほんとうにはるか遠い未来のことのように思えた。この問題は、科学ジャーナリストのレポートをたまたま目にした科学に興味のある少数派の人々以外にはほとんど気づかれていなかった。そのようなレポートはだいたい新聞のうしろのほうの面に埋もれているか、一、二段落の短い記事としてニュース雑誌に突っ込まれていた。

少しでも注意を払っている人々ならどうしても見過ごすはずのない事実は、大気中のCO_2濃度が上がりつつあることだった。キーリングのグラフは一九六〇年代を通じて年々上昇していた。少数の科学者は、この問題について実際に誰かが何かすべきだと考えはじめた――手始めに、より体系的に気候の研究に取り組むべきだ。

その方向に進む最初のステップは、一九六三年に現れた。キーリングとほか数名の専門家が、民間の自然保護財団が主催した会議で会ったときだ。彼らは報告書を出し、次の世紀に予想されているCO_2量の倍増によって世界の温度が四度上昇する可能性があることを示唆した。そして、これが有害な結果を生むこともありうると警告した。たとえば、氷河が融けて海面が上昇すれば海岸線が水没するかもしれない。連邦政府はこの問題により一貫した注意を払い、より有効な組織で支えて多額の資金を割り当てるべきだ、とキーリングらは述べた。

政府はこのような苦情に対して、いつもの慎重なペースで反応した。一九六五年、大統領直属科学諮問委員会が環境問題に取り組むパネル（専門委員会）を設立したとき、気候の専門家による部会もそのなかに含まれた。彼らは温室効果による温暖化がほんとうに重要な問題だということを報告した。それによってこの件は、公式の協議事項のなかで最高レベルに位置することになった――とはいえ、環境問題の長いリストの一項目としてでしかなく、その環境問題の多くはこれ以上に急を要する件のように思われた。こういった問題における次の典型的なステップは、米国科学アカデミーに委員会の設立と正式な報告書の発行を要求することだった。一九六六年に同アカデミーは、人間の活動が気候にどのような影響を与えうるかについて正式に意見を述べた。専門家たちは落ち着いて、緊急に警告すべき理由はまったくないと述べたが、CO_2の蓄積を綿密に監視すべきなのはたしかだという意見だった。「われわれはいま、大気が無限の容量をもつゴミ捨て場ではないということに気づきはじめたばかりだが、大気の容量がどれくらいあるのかはまだわからない」と報告書には書かれていた(6)。おもな結論はこのような報告書に典型的な——研究こそ天職と信じる科学者の心の叫びから生まれた格言——「もっと研究費を増やすべきだ」というものだった。

これは口で言うほど容易なことではなかった。気候変化の研究は、どの官僚の責務のリストにも入っていなかったからだ。一九六五年の諮問パネルでも「どの政府機関またはプログラムもわれわれの環境の平均的状況には関係がない(7)」と述べられていた。一九六六年の科学アカデミーの報告書もそれに付け加えて、気候問題に関しては大部分の環境分野と同様に「連邦政府の組織内にもとから代弁者が存在せず、そのための予算を決定する明快な仕組みもない」と述べている。一九六〇年代半ばには、気象研究のあらゆる側面に対して、さまざまな政府機関の合計で年間五〇〇〇万ドル程度を投じていた。これはたいした額ではなく、気候変化の研究に使われた分はそのうちのほんの一部だ(8)。アメリカ以外の国々ではさらに低い金額だった。気候の研究は、ほかの問題に取り組むために立てられた計画の副次的な構成要素として適合するものでなければならなかったのだ。

優先されていたのは、数日後の天気を予報することのほうだった。それより長期間の問題については、専門委員会の名称が人々の気にかけている内容を表していた。大統領直属の諮問グループは「環境汚染パネル」と名づけられ、科学アカデミーのほうは「天気および気候の改造に関するパネル」だった。人間が大気に及ぼす影響について尋ねられると、一般大衆はまずスモッグのことを考え、次に計画的に雨を降らせる試みについて考えた。このような試みには気候学的戦争も含まれた――実は米軍はすでに人工降雨によって北ベトナム軍の動きを止めさせる大規模な試みをひそかに開始していたのだ。地球温暖化に関する進展は、ほかの用途に取っておかれていた資金からおもに生まれることになる。

気候学における重大な目的は、一世紀にわたって研究されながらいまだに誰も成し遂げていないこと、すなわち氷河時代の解明だった。これを進展させるための最大の頼みの綱は、新しい技術にあった。最も正確で巧妙な技術は、二〇世紀初頭にスウェーデンの科学者数名によって考案されていた。大昔の花粉の研究だ。とても小さいけれど驚くほど耐久性のある花粉粒子は貝殻と同じくらい多種多様で、ごてごて飾られた塊に穴のあいた形がそれを生み出した植物の種類の特徴を示している。湖底や泥炭地から土を掘り出して、それを酸の中に加えて頑丈な花粉以外のすべてを溶かして取り除き、顕微鏡で数時間観察すれば、その地層が形成された時代に、付近にどんな種類の花や草や木々が生えていたかがわかる。これによって科学者は昔の気候について多くのことを学んだ。五万年前の雨量計や温度計の記録はどこにもないが、花粉はその代わりを正確につとめてくれた。花粉のデータは石油探査において地層の識別に役立つ非常に貴重な存在なので、専門家がこの技術を高度に改良するための資金があったのだ。

過去の気候に関する花粉その他の代理データの有用性は、新たな技術である放射性炭素年代測定法によって倍増した。氷河のモレーンや湖底に行き、大昔の木の断片を掘り出して、その中に含まれる放射性炭素の割合を測定すれば、年代がわかる。したがって、以前は代理データにもとづく概要しかわからなかった気候のゆらぎに、いまでは信頼できる年代区分を割り当てることができるようになった。たとえば、アメリカ西部の湖の堆積物の年代を測定すると、干ばつと洪水のきわめて規則的なサイクルが示された。これらを地質学者が昔から伝えてきた氷河時代の寒い期間と暖かい期間の順序と一致させるのは困難だった。奇妙なことに、それはミランコヴィッチが天文学の計算で予測した日射量の変化の二万一〇〇〇年周期と一致しているように見えた。

もう一つの前途有望な新技術も、同様に生物学と原子核科学の驚くべき組み合わせから生まれた。海には顕微鏡スケールのプランクトンがあふれかえっていて、そのなかに無数の有孔虫がいる。有孔虫は単細胞動物で、殻に開いた穴から突き出した偽足で餌をあさる。有孔虫が死ぬと、ちっぽけな殻は沈んで海底の堆積物の中にたまり、そこで長い年月にわたたって保たれる。あまりにも殻の数が多い場所では、チョークや石灰岩の厚い堆積岩が形成される。一九四七年、原子核化学者ハロルド・ユーリーは、有孔虫が殻に取り込んだ酸素を測定することによって古代の海の水温を調べる方法を見つけた。微量に存在する同位体の酸素O18はふつうの酸素O16よりもわずかに重く、生物学者はすでに有孔虫がそれぞれの同位体を取り込む量が水温によって変化することを証明していた。取り込まれた同位体は殻とともに化石になり、同位体の比率（O18／O16）は原子核研究のために開発されたきわめて高精度の新型装置で測定することが可能だった。

この方法に取り組んだのは、シカゴ大学のユーリーの研究室で働いていたイタリア出身の地質学の学生チェザーレ・エミリアーニだった。信頼できる結果を得ることができるようになる前に、解決すべき問題がたくさんあった（ユーリーは当時すでにノーベル賞を手にしていたが、「私がいままでに直面した化学上の問題のなかで最も手ごわい」と言っていた）[9]。しかも、海底のねばねばした堆積物の層を乱すことなくサンプルを採取しなければ、化学的な作業を始めることすらできない。ボリエ・クレンベリ――ここで、派手ではないが不可欠な技術をこの歴史に提供した多くの人物の少なくとも一人の名前を憶えておこう――は、一九四七年のスウェーデンの深海調査のためにこの問題を解決した。彼は長い管の中にピストンを入れて、その管を海底に突き刺した状態でピストンを引き上げることによって堆積物を吸い上げたのだ。クレンベリは長さ二〇メートル以上の円筒状のコア（堆積物のサンプルを指す。本来の意味は円筒の芯の部分）を取り出すことができた。研究室に戻ってから、採取した泥のサンプルを誰かが顕微鏡の下に置き、数百個の殻を探り出す。それぞれの殻は「・」と同じ程度の大きさしかない。殻をすりつぶして粉にして、それを焼いてCO_2ガスを抽出すれば、同位体を測定することができる。技術者は、自分の吐く息などほかの発生源からのガスの混入を避けるため、細心の注意を払う必要があった。

一九五五年、エミリアーニはこのようなやっかいな方法を使って、合計すると何百メートルもの長さになるぬるぬるした泥や粘土の円筒を調べた。これは、最近数年間にさまざまな調査航海で深い海底から取り出され、複数の海洋研究機関で注意深く保管されていたものだ。いくつかの調査隊からコアを借りることによって、エミリアーニはほぼ三〇万年前にまでさかのぼる温度変化の驚くべき記録をまとめた。コアを下る深さに沿った温度変化と結びつける時間スケールを手に入れるために、彼はコアの上のほうの数万年分について放射性炭素を測定した（それ以上昔の分は残っている同位体が少なすぎて測定できなかった）。これによって、その地点で海底にどれだけの速さで堆積物がたまるかを推定することができた。そして、ミランコヴィッチの天文学的計算とのおおまかな相関関係が見つかった。北の高緯度地帯の夏の日射量の増減に合わせて温度が上下しているようだったのだ。

もしエミリアーニのグラフの曲線がミランコヴィッチの曲線と一致するのなら、一九世紀の地質学者が苦心して解明してそれ以来信じられてきた氷期の時系列とは一致しない可能性が高い。この問題を解決するため、エミリアーニは同僚たちに、一大計画を開始してほんとうに長いコアを引き上げるようにと催促を始めた。一本で一〇〇メートルの長さがあり、何十万年もの記録を含むコアだ。だが長い間にわたって、掘削技術が未熟なために軟らかい泥から長いコアを層を乱すことなく引き抜くことはできなかった。技術者の一人は悲しそうに「肉切り包丁で木彫り細工は作れない」と言ったという。[10] 一方エミリアーニは、入手できる最高のコアからデータを引き出した結果、従来の氷期の時代区分とまったく一致させることができないと発表した。彼は、四回の主要な氷河の前進が長く穏やかな間氷期と交互に訪れるという教科書にも記されている図式全体を退けた。エミリアーニのデータによると、何十回もの短い氷期と間氷期が存在し、その途中の不規則な温度の上下によって複雑になっている。彼のデータは、北の高緯度地帯の夏の日射量を示すミランコヴィッチの複雑な曲線とかなり相関していた。

地質学者は、従来の時系列の正当性を熱心に巧みに主張した。しばらくの間、彼らは自分たちの意見を変えなかった。結局のところ、有孔虫の殻の酸素同位体に関するエミリアーニのデータは海水温を直接示す尺度になっていないことがわかったのだ。その代わりに、一九六〇年代末のほかの研究者たちが証明したように、同位体の比率はおもに別の原因によって変化していた。水が海から奪われて大陸の氷床を形成したとき、蒸発する同位体の割合と、その後雨または雪として降る同位体の割合は同じではなかった。特に、より重い同位体は軽い同位体よりも海面から蒸発しにくいのだ。降雪によって大陸氷床がつくられたとき、このプロセスによって海から重い同位体よりも軽い同位体のほうが多く奪われていた。したがって、有孔虫が住んでいた水の温度がどうであろうと、氷期の間は殻に残る軽い同位体の量が少なくなる。エミリアーニが検出した変化は、地球上の氷床の体積の変化をおもに反映していたのだ。

エミリアーニは自分の研究結果の正当性を激しく主張して、誤りを認めたがらなかった。一〇年にわたった議論の最後には、同僚全員が彼の測定した温度を退けた。だが、彼らはすぐに、エミリアーニの研究はその誤りを含めてやはり画期的だと認めた。同位体の比率を変えたのが氷床の盛衰なのであれば、エミリアーニのグラフの上昇と下降はやはり氷期の周期を示していることになる。発見と誤りのこのような組み合わせはけっして珍しいことではない。あらゆるすばらしい科学論文は知りうるものごとの領域の外縁部で書かれていて、避けがたい混乱の中にもし価値ある金塊があれば記憶にとどめておくに値するものとなるのだ。

エミリアーニの基本的な発見が明快に裏づけられたのは、科学者がコアの層ごとにサンプルを取り顕微鏡をのぞいて有孔虫の特定の種の個体数調査をしたときだった。共存する種の構成比率は、生息していた水の温度によって異なっていた。その変化はエミリアーニのグラフと一致した。温度は実際に変化していたのだ。過去二〇〇万年ほどの間に何十回もの主要な氷期がありミランコヴィッチの時系列とおおまかに一致するというエミリアーニの主張は、あきらかに正しかった。

それでも、海底堆積物から読み取られた結論はどれほど当てにできるものなのだろう？　酸素同位体に関する議論で示されたように、測定された単純な事実のように見えるものでも誤解を招くことがある。したがって科学者は、ある研究成果がまったく異なる手段によって裏づけられる前にそれを受け入れることはめったにない。新たな声がこの裏づけをもたらした。この声は今後何十年にもわたり、ますます注目を集めていくことになる。声の主は、ラモント地質研究所のウォーレス（ウォーリー）・ブロッカーだ。ラモントの科学者たちは、ハドソン川を見おろす林の中に隔離されたような研究所で、地質学的な関心を海洋学と放射性物質や地球化学の新たな技術と組み合わせて独創的な研究を精力的におこなっていた。

一九六〇年代に、ブロッカーと同僚数名は熱帯に旅行して、大昔にできたサンゴ礁を歩いた。現在の海面の上のさまざまな高さにあるサンゴ礁は、大陸上の氷床が成長したり消え去ったりするにつれて海面がどのように上下したかを示していた。サンゴ礁の年代は、サンプルを採集してウランその他の放射性同位体を測れば推定できる。これらの同位体は、原子核実験室で正確に測定済みの時間スケールに従って長期間にわたって崩壊していくのだが、放射性炭素とは違い、崩壊が非常に遅いため何十万年もたったいままでも測定に十分な量がまだ残っていた。ここでまた、ミランコヴィッチの軌道の変化の周期が、いままで以上にはっきりと浮かび上がってきた。

科学者たちは天文学的軌道説にすぐに転向したわけではない。科学者というものは、ある科学的な疑問に対して提案された答えを「真」または「偽」に分類することはめったになく、むしろ真である可能性がどれくらい高いかを考える。通常は、新しいデータが現れても意見は部分的に変わるだけで、真でありそうな可能性が少し増えるか減るかということになる。一九六五年にボールダーで開催された「気候変化の原因」に関する会議では、ブロッカーは「ミランコヴィッチの仮説はもはや、たんなる興味深い珍説と考えることはできない」と主張しただけだった[11]。数年後、彼とその共同研究者たちがさらに証拠を集めたあとでも、彼らはまだ何かを確実に証明したとは主張しなかった。一九六八年には次のように述べている。「疑問符のつけられることの多かったミランコヴィッチ仮説は、気候レースの大本命として認められる必要がある[12]」。これに同意せず、大本命の座は自分の好みの仮説のために取っておく人々もいた。

古代の気候データと軌道の周期的変化の一致がどれだけゆるぎないものであろうと、気候変化の天文学的理論が物理的にどのように働くのかに関する説明がないかぎり、科学者にはこの説がほんとうに妥当なものとは思えなかった。誰もが、基本的な欠陥を忘れていなかった。つまり、地球の軌道のずれにともなう日射量の変化はささいなものなのだ。大気に対する強制効果のわずかな変化によって、大陸氷床全体が成長したり衰えたりするようなことが果たしてあるだろうか？　それに、なぜ北半球の高緯度での日射量の増加が世界中に変化をもたらし、南半球の氷まで同時に融かすのだろう？　科学者たちがブロッカーの発表を真剣に検討していたとすれば、それはすでにほかの展開によって気候システムの基本的な性質について考え直さざるをえない状態に追いこまれていたからだ。

一般的な考え方に疑いを抱く気象学者は昔からつねに存在していて、彼らの立てた仮説の一部はしぶとく生き残っていた。たとえば、かつて一九二五年に立派な気候専門家のC・E・P・ブルックスは、氷河時代がほぼ気ままに始まって終わることもありうると提案した。彼はまず、積雪の増加によって太陽光が多く反射されてさらに空気が冷やされるというおなじみの説から話を始めた。冷たい風は隣接した地域に流れ込み、雪が低緯度地帯にもすばやく広がっていくだろう。極地の気候の安定した状態は二種類しかありえない、とブルックスは断言した――ほとんど氷に覆われていない状態か、地球が巨大な白い帽子をかぶっている状態だ。片方の状態から別の状態への移行は、比較的ささいな摂動〔強制されたゆらぎ〕によって引き起こされるかもしれない。急に温度が何十度も上昇または下降するような破局的な事態もありうる。「しかも、もしかしたら一つの季節の間に」(13)

専門家の大半はこのような話を一笑に付した。科学界と公然と対立している宗教的な根本主義者によって広められた概念を強化するための話のようにしか思えなかったからだ。聖書に書かれたとおりの真実を信じる人々は地球は数千年前に生まれたばかりだと言い張り、自分たちの信仰の正当性を主張するために、氷床はほんの数十年で形成されて崩壊しうると断言した。同時に、インマヌエル・ヴェリコフスキーをはじめとする人々の書いたエセ科学的な理論が広く読まれたことで、終末論的な気候の大変動が来ると信じる一般大衆の数はさらに増した。

科学者はそれに対する回答として、泥や粘土の層から読み取った詳細な気候記録を示した。分析によれば、数千年以下の変化は見あたらない。だが科学者たちは、海底掘削で得られたコアの大部分が実のところ急速な変化を記録できていないということを見落としていた。海底堆積物は、潮の流れや急な落ち込みに加えて、穴を掘って住みついている虫によってつねにかき混ぜられているので、層の間に急に差異が生じても不鮮明になってしまうのだ。

古くからある湖や泥炭地にはもっと詳細な記録が保たれていて、そこに埋もれた花粉の中から読み取ることができた。ある湖に現れた花粉の組み合わせの大きな変化から、最終氷期〔この用語は現在にいちばん近い氷期を指し、今後氷期が来ないという含みはない〕の終わり方は一様に着実な温暖化ではなく、温度のやや奇妙な振動をともなっていたということが示唆された。特に印象的な事件は、一九三〇年代に北欧で確認されたのだが、暖かい時期のあとに酷寒の時期が長く続いたことだった。この寒冷期は、ドリアス・オクトペタラという花の名前にちなんで「新ドリアス期」と呼ばれた。ドリアス・オクトペタラは北極圏に咲く繊細だが頑丈な小さい花で、この花粉が厳寒のツンドラの証拠となったのだ。この寒冷期のあとに、もっとゆるやかな温暖化が続いた。一九五五年、放射性炭素の研究によって時期が突き止められ、温度のおもな振動は一万二〇〇〇年前ごろにあったことがあきらかになった。このときの変化は急速なものだった——とはいえ当時の気候学者にとっての「急速」という表現は、変化にかかる時間が一〇〇〇年か二〇〇〇年だけという意味だったわけだが。大部分の科学者は、これが仮に事実だとしても、北欧における局地的な偶然の事件にすぎないと考えていた。

一九五六年、ハンス・ズュースは放射性炭素の専門知識を応用して、ラモント研究所の海洋学者たちが掘り出した深海の粘土に含まれる化石の殻の年代を特定した。彼の報告によると、最終氷期は「比較的急速な」温度の上昇——一〇〇〇年につき約一度——とともに終わったという。ラモントの研究者は自分たちでも有孔虫の殻を観察し、暖かい水に住むものと冷たい水に住むものとに分類することで、よりいっそう急速な温度上昇を報告した。それによれば、約一万一〇〇〇年前に、気候は完全な氷期の状態から現在の暖かさまでわずか一〇〇〇年以内で移行したのだという。これが「ゆるやかな変化という普通の見解に反する」ことは彼らも認めていた[14]。

ラモントの研究者たちといつでもやり合う覚悟があったエミリアーニは、それに反論した。彼は、およそ八度の温度上昇は予期されたとおりのゆるやかな種類のもので、約八〇〇〇年かかっていたと信じる根拠を発表した。公の議論がかなりおこなわれたのち、エミリアーニは自分の主張を通した。ラモントの研究グループのデータに見られた変化は、実は温度のシフトを表すものではなかった。自然界の記録のなかで伝えられるその他の急な変化と同じように、現実世界そのものではなく、サンプルを分析する方法の特性を反映していたのだ。

それでも、見落とされていた可能性について考えるきっかけになるのなら、科学においては間違いですら役に立つ場合がある。わずか一〇〇〇年間で気候が大きく変化したことを示すように見えた証拠に刺激されて、少数の人々は何が起こりうる可能性があったのかを突き止めようとした。ブロッカーは、当時まだ大学院生としてラモントに所属していた。彼は博士論文に大胆な考えを取り入れた。のちに間違いと判明する研究とともにさまざまなその他のデータを見ながら、当時受け入れられていたゆるやかな波のような上昇下降とは非常に異なる氷期・間氷期変動のパターンを見いだしたのだ。ほぼブルックスの発言そのままに、ブロッカーは次のように提案した。「二種類の安定した状態、つまり氷期と間氷期が存在し、システムは一方から他方へ非常に急速に変わる[15]」。これはほとんど読まれることのない分厚い博士論文の一節にすぎず、ブルックスの疑わしい仮説と同じように見えた。大部分の科学者はエミリアーニと同意見で、ゆらいでいるデータが仮に正確であろうとそれは局地的な特性を反映したものだと考えていた。結局のところ、何キロメートルもの厚さの氷床が成長したり融け去ったりするには数えきれないほどの年数がかかるはずだ。少なくとも氷の物理的性質は、単純で議論の余地もない。

そこまで確信できない者も少数いた。具体的にはブロッカーの上司——つまりラモント研究所の創立以来の所長、圧しが強く独裁的なモーリス・ユーイングがそうだった。彼は考えた。暖かい状態と氷期の状態の間で気候を急速に振動させることが可能なメカニズムはあるだろうか？　ユーイングと同僚のウィリアム・ドンには、そういうことが実際に起こりうる方法についていくつかの考えがあった。

ユーイングとドンはおそらく、ソ連の科学者が話し合っていたやや奇妙な考えに刺激されたのだろう。その出発点は、ソ連の工学における壮大な夢が生んだ数十年前の遺産だった。シベリアの河川の流れを変えて、北極海に無駄に流れ込んでいる水を南へと運び、中央アジアの乾いた大地を農地に変身させてみたらどうか？　少数の科学者は、淡水の流れを変えると北極海の表層の塩分濃度が高くなるので、冬になっても海氷があまりできないかもしれないと指摘した。そうなると暖かさが増して、シベリアの住民にとっては朗報となるのでは？　ソ連の気象学者の一部はこの計画に異議を申し立てて、共産党当局に公然と反抗した。当局側は、工学の大偉業となりうる企てに投げかけられたあらゆる疑問に難色を示した。ある科学者は気象記録を調べて、氷の少ない年には北極圏周辺の降水量に重大な変化が起こっていることを報告した。

ユーイングとドンの考えは、それをはるかに超えていた。もし北極海に氷がなければ、たくさんの水分が蒸発するため、北極圏周辺全域に大雪が降るだろう。雪が積もれば、大陸氷床に成長する可能性がある。これはまだ序の口にすぎない。積み重なった氷は世界中の海から水を奪うので、海面は下がるだろう。これにより、北極海に流れ込む暖かい流れの通り道となる浅い海峡がふさがれてしまい、再び氷が張りつめる。今度は大陸氷床に水蒸気が供給されなくなるため、氷床はしだいに小さくなっていく。海面が上昇し、暖かい流れがふたたび北極海に流れ込むようになり、そしていつかは海を覆っていた氷も融けるだろう。フィードバックが入り乱れた大きな動きのなか、新しい氷河のサイクルが始まるのだ。

この仮説は、北方の地域が顕著に温暖化しつつあり氷が後退しているという報告を考慮すると、特に興味深かった。ユーイングとドンは、かなり近いうちに北極海から氷が消えて新たな氷期が始まるかもしれないと示唆した——しかも、もしかしたら数百年後に。

科学者の多くはこれをばかばかしい考えだと思い、即座に異議を唱えた。氷床がそれほど速く成長するはずがないというふつうの反論のほかにも、ユーイングとドンの案の穴が発見された。その一つは、北極海の入り口の海峡は十分に深いので海面が下がっても暖かい流れがさえぎられることはないというものだった。ユーイングらは指摘された穴を繕うために努力し、しばらくの間、多くの科学者は彼らの主張を少なくとも興味をそそられる考えだとは思っていた。一九五六年には米国気象局の尊敬されている幹部の一人が、「人類は気候に関して、薄いナイフの刃の上のように危うい状況に置かれている」と警告した。もし、現在進行中のように思える地球温暖化の傾向が続けば、「人類の未来に対するきわめて重大な影響」をともなう変化が引き起こされるかもしれない、と。[16] だが結局、ユーイングとドンの書いたシナリオは、氷期に関するその他の仮説の大半と同じ程度の支持しか得られなかった。
誤ったデータと同じように、誤った考えも価値ある結果をもたらすことがある。ユーイングとドンの氷期のモデルによって、すみやかに進行する悲惨な気候変化のイメージに対する立派な科学的理由づけが初めて世間に示された。ジャーナリストたちは、北方の地域の温暖化と氷の後退を伝える報告に関連して、気候は不安定なものかもしれないと声を大にして主張して上機嫌だった。科学者にとっては、この大胆なアイデアが、急速な気候変化全般の原因となりうるメカニズムについて広く考えるきっかけとなった。ブロッカーがのちに思い起こして語ったように、ドンは「あちこちで講演をして回っては、みんなをかんかんに怒らせていた。でも怒らされたことで、彼らはほんとうに興味をもちはじめた」というわけだ。[17]
急速な気候変化について積極的に考える新たな姿勢が生まれても、気候の物理を理解するためのよりよい方法がなければどうにもならない。ユーイングとドンの案は、壮大な一九世紀スタイルの気候モデルとして影響力をもった最後のものだった。ある人が「もっともらしさだけの議論」と呼び、別の人が「こじつけだ」と片付けるような説にもとづくモデルだ。それ以外の唯一の選択肢は数学的モデルだった——物理学者が惑星の軌道を表現するのと同じように、全世界の風のパターンを一ページの数式で理解しようとするものだ。だが、一世紀にわたる努力のなかで、現実の大気のふるまいに近似する数学的な関数の組を導くことのできた者は誰もいなかった。

一九四〇年代末期からは、この問題を理解するための新しい方法がシカゴ大学で試され、カール＝グスタフ・ロスビーは若き気象学者たちに物理学者のように考えなさいと勧めていた。デイヴ・フルツは大気のふるまいを試すために、実際の物体による物理的なモデルを構築した。回転する地球の代わりに、彼の研究グループは回転台の上にふつうのアルミ製の皿洗い桶を置き、大気を再現するために水を使った。皿洗い桶の外側のふちを加熱することによって熱帯を暖める太陽光を表現し、大気の流れるパターンをあきらかにするために染料を注ぎ入れた。結果は、しばしば不可解ではあったが、興奮させられるものだった。この素朴なモデルが、世界の天気のかなりの部分を支配する波打った「極前線」〔当時の記述的気候学でよく使われた概念で、いまの気象学者なら「温帯低気圧帯」と言うところ〕にかなり似たものを示したのだ。シカゴ大学およびケンブリッジ大学（イングランド）でさらに実験が続けられた結果、回転台の上にミニチュアのジェット気流とちっぽけな竜巻のようなものがつくり出された。

何よりも興味をかき立てたのは、フルツが一九五九年に発表した写真だった。彼の回転する皿洗い桶は規則的な循環パターンを示しており、現実世界の中緯度の西風に似ていた。ロスビーは、この風のパターンは速い水流が岩に当たった下流にできる定在波と似たものだと説明していた。皿洗い桶の水を鉛筆でかき回したのちに水面が落ち着くと、パターンが四つの定在波をもつロスビーのシステムから五つの定在波をもつシステムに変わり――それどころかまったく異なる循環パターンにぱっと変わっていることもある。これは現実の特徴をとらえていた。実際の大気の循環はまったく異なる状態の間を移行するものだからだ。たとえば貿易風は、季節によって南北に行ったり来たりする。循環パターンのより大きな移行が長期の気候変化を引き起こすのではないか？

皿洗い桶モデルは大気を描く大ざっぱなアニメーションにすぎなかった。それがどれだけ興味を引くものであろうと、実際の地球に関する明確な結論に導くことはできない。この物理モデルのほんとうの貢献は、微妙な不安定性に支配されているシステムがあるということを劇的に実証した点にあった。現実の気候も、皿洗い桶の中の波と同じくらい急に気まぐれに完全にシフトすることがありうるのだろうか？

その答えは、世界をモデル化するまったく異なる方法から現れた。一世代前に試されたものの成功する見込みがないとして断念された方法だ。一九二二年、ルイス・フライ・リチャードソンは天気予報のための全面的に数値によるシステムを提案した。彼の案は、地域をマス目からなる格子に分け、それぞれのマス目の気圧や気温などの数値を指定された時刻の観測にもとづいて割り当てるものだ。次に、空気がどのように反応するかを伝える基本的な物理学方程式を応用する。たとえば風速と風向は、二つの隣り合ったマス目の気圧の差に従って計算することができる。

計算の数があまりにも膨大であるため、リチャードソンは自分の案が実際の天気予報に役立つとはほとんど期待していなかった。たとえ誰かが「予報工場」をつくり、何万人もの事務員を雇って機械式計算器を使わせたとしても、実際にあらわれるよりも早く天気を計算できるとは彼には思えなかった。「もしかしたらはるか未来のいつの日か、天気の進行よりも速く計算を進めることが可能になるかもしれない」と残念そうに書いている。「だが、それは夢の話だ」(18)。それでも、もし典型的な気象パターンの数値モデルをつくることができれば、天気の仕組みをあきらかにするのに役立つはずだ。

そこでリチャードソンは、ある八時間の間で西ヨーロッパの天気がどのように展開したかを計算しようとした。出発点となるのは、さまざまな高度で大気を測定するための組織的な気球打ち上げが実施された日のデータだ。彼は六週間もかけて紙と鉛筆で計算したが、結果は完全な失敗に終わった。リチャードソンの仮想ヨーロッパの中央部で、計算された大気圧が現実世界の過去の最高記録よりはるかに上昇してしまったのだ。この戒めを肝に銘じた気象学者たちは、その後四半世紀にわたって数値モデリングの望みを完全に捨てていた。

紙と鉛筆では絶望的だったことも、もしかするとディジタル計算機を使えばうまくいくかもしれない。この驚くべき機械は、第二次世界大戦中に敵の暗号解読や原子爆弾を爆発させるための計算を目的として猛烈な勢いで開発され、冷戦によってより多くの計算が必要とされる状況の中で急速に進歩しつつあった。その先頭に立ち、核兵器の爆発をシミュレートする方法を精力的に考案していたのは、プリンストン大学の才気溢れる野心家の数学者ジョン・フォン・ノイマンだった。彼は天気予報と核爆発シミュレーションの間に類似点を見いだした（どちらも急速に変化する流体と関係がある）。一九四六年、フォン・ノイマンは数値天気予報のために計算機を使うことを主張しはじめた。

このアイデアは、どこにでも顔を出す海軍研究局はもちろん、米国気象局や陸軍や空軍からの支援も集めた。フォン・ノイマンは海軍に対して、自分の研究には目的が二つあると伝えた。毎日の天気の変化を予測するだけでなく、貿易風など大気全体の大循環を計算することも目的だ、と。地球規模の気候変化に興味があったからではない。彼もスポンサーとなった軍も、味方の利益または敵の損害をもたらすために特定の地域の気候を歪めようと望むなら、大循環を理解しなければならないということを知っていたのだ。

フォン・ノイマンは、シカゴ大学のロスビーの研究グループの精力的で先見の明をもつ気象学者ジュール・チャーニーにこのプロジェクトの陣頭指揮をとってほしいと依頼した。一九四九年までにチャーニーのチームはある緯度帯の空気の流れを計算し、その結果はかなり現実的なものに見えた——計算された数値は、念入りに見なければ本物の天気図と間違えそうになるほどだった。たとえば彼らは、大陸を横切る気流に大きな山脈が及ぼす影響をモデル計算することができた。モデリングは、次の世代に登場するコンピュータゲームの開発の第一歩を踏み出すものだった。このゲームでは、プレーヤーは神の役割を果たす。山脈を隆起させて、何が起こるか見てみよう！

難題は、あまり長時間の計算を必要とせずに妥当と思われる結果を出す方程式を見いだすことだった。一九四〇年代と一九五〇年代に最も有名だった計算機は、後年の一般的なラップトップコンピュータとくらべても途方もなく遅かった。何千本もの輝く真空管がごちゃごちゃした配線で接続されているので、頻発する故障を修理するだけで作業者の時間の大部分が費やされてしまった。残った時間のほとんどは、能率的で現実的な数学的近似を考案するために使われた。それには数えきれないほどの時間の作業と、数学的な工夫と物理的洞察のめったに見られない連繫が必要だ。しかも、それはまだ始まりにすぎないのだ。

計算機実行によって生み出された何ページ分もの数値は、実際の大気の特性と照合しなければならない。これには前例のない数の温度、水分、風速などの測定値が必要だった。おもに軍事面での需要により、戦中および戦後に、何千個もの気球を打ち上げて高層大気の観測値を電波で送らせるネットワークが構築されていた。一九五〇年代までには、大陸の上の天気は成層圏の低い部分までにわたり、初期の計算機モデルの結果とくらべるのに十分な程度には地図化されていた。

一九五〇年、チャーニーのチームがリチャードソンの問題を解決した。選ばれたある一日の天気の実際の結果と大まかに似通った数値を計算したのだ。しかしパンチカード〔穴で数値を表現するカードで、当時の計算機へのデータ入力のおもな手段〕の打ち出しと整理にあまりにも時間がかかったため、「二四時間後の予報のための計算時間は約二四時間、つまりわれわれは現実の天気にかろうじてついていくことができたにすぎない」というものだった。(19)一九五五年までには実際の天気予報に使えるところまで処理がスピードアップされたが、天気図を読む方法を使う昔ながらの予報官につねに勝てるようになるにはさらに一〇年がかかることになる。

これらのモデルは地域規模のもので、地球規模ではなかった。だが、天気予報のために開発された方法と高められた自信は、究極の目的を達成したいという夢をかき立てた。大気全体の大循環のモデルをつくることだ。ノーマン・フィリップスがこの難問に取り組んだ。一九五五年の半ばまでに彼は数値モデルをつくり上げ、それらしいジェット気流と数週間にわたる期間の現実的に見える低気圧などの天気現象の発展を示した。これで、どんなプロセスが循環のパターンをつくるのかに関する長く続いた論争が解決された。科学者はこのとき初めて、たとえば、大気中を動き回っている巨大な渦巻きがエネルギーと運動量を場所から場所へと動かすことにどのように重要な役割を果たすのかわかったのだ。フィリップスのモデルはすぐに「古典的実験」として認められた——世界初の真の「大循環モデル（GCM）」だ。

しかし、フィリップスのモデルは結局爆発した。計算が時間の経過に沿って進むにつれて、シミュレートされた二〇日目あたりで、気流のパターンがおかしくなってくる。三〇日目には数値が地球上でいままで見たことのない状態にまでそれてしまう。かつて一九二二年にリチャードソンの計画をだいなしにした欠陥と同種のもののように見えた。リチャードソンは、より正確な風のデータで開始することさえできたなら計算はうまくいったはずだと考えていた（彼が計算を始めるにあたって用いた数値は、一九九〇年代の計算機での再計算で証明されたとおり、実は起こりえない気象条件を表していた）。だが、ロスビーが一九五六年に指摘したように、人々は非常に稚拙なデータをもとに描かれた天気図を見ることで二四時間後のまともな予報を日常的におこなっていた。「したがってリチャードソンの予報の失敗は、より根本的な原因によるものに違いない」と、困惑したロスビーは結論づけている。[20]

　ディジタル計算機が急増して科学者がそれをさまざまな作業に試してみるにつれて、奇妙なほどおかしな結果がでることが頻繁にあった。リチャードソンが考えたように、実際に、間違ったデータが原因で誤差が発生したこともあった——計算機の専門家が理解しつつあったように、「ゴミを入れたらゴミが出る」のだ。だが、数値計算の性質そのものから問題が引き起こされたこともあった。現実の世界ではある地域の温度などの数量はなめらかに連続的に変化するが、方程式はそれを格子に切り刻んでしまう。* そのうえ、計算機には無限の精度があるわけではないので、五・三五一八二七七四九四といった正確な数値は、たとえば五・三五一八のように切り捨てられてしまう。計算の結果がさら

＊　前出のフィリップスのモデルの「爆発」は、この近似の方法に由来することがわかり、荒川昭夫が開発した方法によって、長時間の計算が続けられるようになった。

に次の計算に送り込まれるという流れが何千回も繰り返された場合、それぞれの計算において数値が切り捨てられていけば、そのようなちっぽけな食い違いも合計すれば大きな差になりうる。結局、解は非現実的なものになって「爆発」するのだ。モデルを作成する人々は、方程式と数値のそういった人為的な特徴を避ける方法を考案するために何年も費やした。

大部分の科学者はこのすべてを、計算機の限られた精度と気象観測機器のネットワークの限られた正確さによる制約にすぎないとみなしていた。それ以外の少数派は、計算機モデルのきわめて鋭敏な感度が現実世界について何かを伝えようとしているのではないかと考えはじめた。まったく同じ初期条件で二つの計算を始めれば、つねにまったく同じ結果に達するはずだ。だが、最初の数値のどれかの小数第五位をほんの少し変えると、機械が何千回もの算術演算を繰り返すにつれて、差はどんどん大きくなり、最後には著しく異なる結果が出るかもしれない。もちろん、たとえば鉛筆の先端を下にした状態でバランスをとって立たせると、初期条件のごくわずかな違いによって左にも右にも倒れる可能性があるというのは、昔から理解されてきたことだ。大部分の科学者は、こういった種類の事態はきわめて単純化された状況でのみ生じるもので、気候などの巨大で複雑な地球規模のシステムの安定したつりあいとはかけ離れた話だと信じていた。ブルックスやユーイングやドンなどの少数派だけが、気候システム全体は非常に微妙なつりあいの上に成り立っていて、比較的小さな摂動でも大きな変化が引き起こされるのではないかと考えていた。

もしそれがほんとうに起こりうるのなら、摂動がフィードバックによって増幅されるからだ――「フィードバック」という用語と概念は一九五〇年代に流行しはじめていた。「サイバネティクス」という新しい科学が数学者ノーバート・ウィーナーによって提唱された。ウィーナーは戦時中に銃の自動照準メカニズムを研究したことにより、物理的なシステムがいかにたやすく制御不能な振動を起こすかわかっていた。彼はマサチューセッツ工科大学に所属していて、そこではいくつかのグループが多くの課題のなかでもとりわけ天気の数値モデルの構築に熱心に取り組んでいた。ウィーナーは気象学者たちに、君たちの試みは失敗するに決まっていると忠告した。「釘一本がないために」王国が滅びたという内容（釘がないために、戦いに向かう騎士の乗る馬の蹄鉄を打つことができなかった）の古い童謡を引用して、彼は「ささいなことの自己増幅」によって天気予報のいかなる試みもくじかれてしまうだろうと警告した。まして気候の予測など言うまでもない、と。(21)

一九六一年、ある偶然の出来事によってこの問題に新たな光が投げかけられた。科学における幸運は、適切な時と場所に居合わせた適切な知性の持ち主に訪れるものだが、それがエドワード（エド）・ローレンツだった。彼はマサチューセッツ工科大学に在籍して、気象学と数学を結びつけようとしている新しいタイプの研究者の一人だった。ローレンツは単純な計算機モデルを考案して、天気パターンの見事な模擬物をつくり出していた。ある日彼は、計算をさらに長く実行するために、ある特定のところからやり直すことにした。計算機は数値を小数第六位まで出したが、プリントアウトの量を節約するためローレンツは数値を切り捨てて、小数第三位までしか印刷しなかった。彼はこの数値を入力して計算機に戻したのだ。シミュレートされた時間で一か月ほどあとから、天気パターンがもとの結果からそれていった。小数第四位の違いが何千回もの算術演算の中で増幅して、計算全体に広がり、まったく新たな結果をもたらしたのだ。

ローレンツは驚いた。彼のシステムは現実の気象を表すと思われていたからだ。小数第四位の切り捨てによる誤差は、温度または風速を一分ごとに変化させうる数多くのささいな要因のいずれとくらべても、ちっぽけなものだった。ローレンツは、このような違いは数週間後の天気に関するわずかに異なる解につながるだけだろうと推定していた。ところが、まるで偶然のように嵐が予報に現れたり消えたりしたのだ。

ローレンツはこのことを頭の隅に追いやったりせず、独創的な深い分析に取りかかった。一九六三年、彼は毎日の天気を予測するために使われうる方程式のタイプに関する検討結果を発表した。「どの解も不安定だということが判明した」と彼は結論を下した。したがって、「正確な超長期的予測は存在しないものと思われる」という。(22) 数日、あるいは最大で数週間を超えると、初期条件の微細な差異が計算を支配してしまう。ある計算で一週間後の嵐が予測されても、次に計算すると快晴になるかもしれない。

これは必ずしも気候に当てはまるとは限らなかった。気候は多数の気象状態を平均したものだからだ。個々の嵐に関する違いは平均すれば相殺されて、全体としての結果は安定するのではないか? ローレンツは気候の単純な数値モデルを作成して、初期条件をわずかに変えながら繰り返し計算機で実行した。結果はあまりにもばらばらだった。彼は、安定した長期の統計的平均という昔ながらの意味での「気候」がそもそも存在するのかどうかを証明することができなかったのだ。

これらの考えは気候科学者の間で広まった。特に、一九六五年にボールダーで開催された「気候変化の原因」に関する会議の参加者の間で。招待を受けて開会の辞を述べたローレンツは、初期条件のきわめてわずかな変化が未来の気候における莫大な変化をランダムにもたらす可能性があると説明した。「気候は決定論的〔初期条件が与えられればその後の経過は自然法則によって一通りしかありえないという場合〕かもしれないし、そうではないかもしれない。われわれにはおそらく、確実なことは何もわからないでしょう」と彼は締めくくった。[23] 会議に参加した気象学者たちも、過去の氷期の始まりや終わりはミランコヴィッチが地球の軌道について計算した取るに足らないと言っていい変動が原因だったのかもしれないという新たな証拠についてじっくりと考えた。気候とは、ごくわずかなひと押しで別の状態に移ってしまうほど根本的に不安定なシステムなのだろうか？

そのことが会議の席上での議論につながり、気候変化は数年前にほぼ全員が信じていたよりも容易に引き起こされるだけでなくより急速に起こりうるのではないかという高まる疑いについて話し合われた。ブロッカーやユーイングなどは、約一万一〇〇〇年前にほんとうに根本的な地球規模の気候シフトが起こったことを示す新旧のさまざまな証拠を示した。一〇〇〇年足らずの間に五度から一〇度も温度が変化したのだ。人々はそれを見て、回転する皿洗い桶の実験における突然のシフトを思い出した。もちろん、巨大な氷床が融けるには必然的に何千年もの時間がかかるだろう。だが、いまでは科学者たちは、そういうことが起こりつつあった一方で、氷床ほど大きな質量をもたない大気は驚くほど容易に変動することがあると悟ったのだ。会議の終わりに総意をまとめたレヴェルは、過去のささいな一時的な変化が「大気の循環を別の状態へと〝ひっくり返す〟のに十分なものだったのかもしれない」と言明した。[24]

海洋の循環も、異なる状態へとひっくり返るのではないか？　何万年も変わらない不活発な循環という昔からのイメージに疑いをかけようとする人々もいた。特にブロッカーは、大学院生のときに大昔の湖の水位の変化を海洋のデータと比較することで、すでに気候のジャンプ（急変）に注目していた。海底コアの中に、一〇〇〇年足らずの間に起きた激変の形跡を見いだしたのだ。ボールダーの会議では、オレゴン州立大学のピーター・ワイルが特に刺激的なアイデアを披露した。彼は氷期の複雑な理論を開発している途中で、それは塩分の変化が海氷の形成にどのように影響するかに関連した理論だった。その他多くの純理論的で風変わりなモデルがあるなかでは注目されそうにもなかったが、その斬新な洞察のおかげで目を引いた。ワイルは、もしアイスランド周辺の北大西洋の塩分が少なくなったら――たとえば、もし氷床が融けることによって海洋表層の水が淡水で薄められたら――表層海水はもう下に沈むほど高密度ではなくなるだろうと指摘した。冷たい水を海底に沿って南に運ぶ循環全体が急に停止する可能性がある。それを埋め合わせる熱帯から北方への大量の水の移動もなくなるので、新たな氷期が始まるかもしれない。一九世紀のチェンバリン以来、ほかの人々が、もし地球温暖化によって何らかの経緯で北方の表層海水の密度が低くなれば海洋循環は止まるかもしれないと推測していた。そしていま、推測は明白な計算によって裏づけられて、この循環（これは「熱塩循環」と呼ばれるようになりつつあった）のつりあいがほんとうに危ういことが示された。

軌道の変化、風のパターン、融けていく氷床、海洋循環――すべてがそれ以外のすべてと相互作用しているように思えた。気候の研究者の間だけでなく、科学のほかの分野や世間においても一九六〇年代には、地球の環境は非常に複雑な構造だという認識が高まっていった。空気、水、土壌、生物のほぼすべての特徴が、それ以外のどの特徴の変化にも敏感なのではないか。それぞれの専門家が気候変化の特定の原因についてお気に入りの仮説を支持し、気候のあらゆるシフトについて、たとえば火山からの塵あるいは日射量の変化のせいにするという昔からのアプローチに、科学者たちは疑いをいだきつつあった。数多くの要因が一緒に原因となっているようだ。さまざまな外的影響に加えて、複雑なフィードバックがシステムをそれ自体の内部の力学によって揺り動かすことがあるとローレンツらは指摘していた。権威者の一人は一九六九年に次のように書いている。「いまや、大部分の気候変化は……原因の複合によって起こるということが一般に認められている」[25]

このような、一部の人々が全体論的アプローチと呼ぶ方向への観点の変化は、科学者の研究方法を変えさせた。妥当と思えるような気候変化モデルは、非常に多数のさまざまな種類の事柄に関する情報がなければ、データと照合することはもちろん、作成することすらできなかった。いろいろな分野の科学者がお互いを必要としているということが、あまりにも明白になりつつあった。一九六五年のボールダーでの会議は、異なる種類の専門家がより密接な交流を始めた数多くの場面の一つにすぎなかったのだ。お互いの調査結果を活用したり、あるいは同じくらい有益なことだが、その正当性を疑ったりしながら。

第四章　目に見える脅威

一九六〇年代初頭、コロラド大学の一流の天体物理学者ウォルター・オーア・ロバーツは、ボールダーの上に広がるまぶしい大空で何かが変わりつつあることに気づいた。ある朝、彼はジャーナリストと話をしながら、上空のジェット機の飛行機雲を指差した。そして、午後の中ごろまでには飛行機雲は広がって薄くなり、巻雲（けんうん）と区別がつかなくなるはずだと予言した。実際、まさにそのとおりになった。ロバーツは、飛行機が頻繁に通過する地域では気候に影響を与えるのに十分なほど雲量が増えているのではないかと考えた。人間の大気に及ぼす影響は、洞察力のある人なら肉眼でもわかるようになりかけていた。

それと同じころ、ウィスコンシン大学の気象学者リード・ブライソンは、ある会議に向かう途中でインドの上空をジェット機で飛んでいた。彼は、地面が雲ではなく塵でさえぎられて見えないという事実に衝撃を受けた。その後彼は同じような煙霧をブラジルとアフリカでも目にした。煙霧はあまりにも広がっていたため、地元の気象学者はそれを当り前のことと思い、研究せずにいたのだ。だが、ブライソンはその煙霧が熱帯に昔から存在する自然の特徴ではないことに気がついた。彼が目にしているのは、増えつづける焼き畑農民が火をつけた畑から上がる煙と、過度の放牧により不毛の地となった土地から上がる塵だった。この結果は、地球全体の気候に影響を及ぼすのに十分なほど大規模なもののように思えた。産業からの汚染とともに、煙と塵は太陽光をさえぎり、地表面を著しく冷やすかもしれない。ブライソンは次のように書いた。「私が間違っているとわかれば嬉しいことだ。半ダースほどの、片手間でこの問題にかかわっている研究者に任されるには、これはあまりにも重大な問題である」(1)

実際には、エーロゾル——顕微鏡で見える大きさの浮遊粒子——が地球全体の気候に与える影響について研究している人間はほとんどいなかった。単純な物理学の理論によると、エーロゾルは太陽からの放射を散乱させて宇宙空間に戻すので、地球を冷やすとされた。気象学者は昔から、火山の噴火による塵がまさにその働きをしているのではないかと思っていた。エーロゾルは太陽光をさえぎるだけでなく、雲に影響を与えることでも気候に変化をもたらしているのかもしれない。ジェット機の排気ガスのみならずあらゆる種類の人間の放出物が雲量を増やし、太陽光の妨害を増大させているのかもしれない。二〇世紀初めの研究で、雲が形成されるのは「雲凝結核」、つまり水滴が凝結するための表面を提供する微粒子が十分に存在する場所に限られるということが証明されていた。一九五〇年代には、雨を降らせるためにヨウ化銀の煙で雲に「種をまく」ことが商業ベースの企てとして普及し、関心が強まった。これは物議を醸した。ある自治体が雨を降らせようと企てるとすぐに、風下に住む人々は弁護士を雇い、自分たちの土地に降るべき雨を奪われたと主張したからだ。

狭い地域に特別な化学薬品を用いる雲の種まきの研究では、農工業によって放出された粒子の地球全体に与える影響についてたいしたことはわからなかった。だが、地球規模の問題に取り組もうとする者はほとんど誰もいなかった。測定と理論が手に負えないほどむずかしく、努力する価値があるとは思えなかったからだ。数少ないエーロゾルの専門家は、公衆衛生や労働衛生に対する影響などの実際的な問題で忙しかった。都会のスモッグに対する大衆の高まる不安に動かされ、科学者は局地的な大気汚染について研究を始めつつあった。一九五〇年代にこれに巻き込まれた化学者たちがロサンゼルスのスモッグを分析したところ、粒子だけでなく化学物質も含まれた興味深い（そして時に致命的な）混合物とわかった。一方、ほかのエーロゾル専門家は電子機器製造用のクリーンルームなどの工業生産プロセスの研究に取り組み、さらにほかの専門家は粒子によるレーザー光の散乱などの軍事的な課題を調査していた。これらの研究者は、エーロゾルに関する別の課題を調べている同僚とは時折しか接触がなく、気候に関連するような別の科学分野の研究者との接触などさらに少なかった。

この問題に取り組んだ立派な気候学の学生がJ・マレー・ミッチェル・ジュニアで、新種のエーロゾルがそのきっかけだった。核実験による放射性降下物の研究から、成層圏に送り込まれた細かい塵は数年間そこにとどまるが、反対側の半球には移動しないことが証明された。そのことを念頭に置いて、ミッチェルは全世界の温度の統計をじっくり研究してから、それを有名な火山噴火の記録の横に並べてみた。一九六一年に彼は、大規模な噴火がそれの起きた半球における平均温度の不規則な年々変動のかなりの部分を引き起こしていると発表した。だが、火山噴火とより長期にわたる傾向との関係は見いだせなかった。特に、二〇世紀前半における地球規模の温暖化傾向に対応するような噴火の不活発化はまったく見られなかった。

一九六一年一月、ニューヨーク市に雪が降り珍しいほど寒くなったある日、ミッチェルは気象学者の会合の席上で、地球全体の温度はたしかに一九四〇年ごろまで上昇していたが、それ以後は最近まで下降していると伝えた。場所ごとや年ごとに非常に多くのランダムな変動があるため、一九五〇年代末期までは逆転現象が測定値からはっきりと浮かび上がってこなかったのだ。いずれにしても、地球の大部分の平均温度について真に納得のいく計算をおこなったものは、まだ誰もいなかった。だが、いまミッチェルがこの厳密さを要する計算に対して妥当と思われる挑戦をおこない、あきらかな下降を報告したのだ。気候変化に関するどの有効な仮説も近年の寒冷化を説明することはできないように思われ、ミッチェルは「興味をそそる謎だ」と締めくくるしかなかった(2)(一五五ページの図2を参照)。

一九六〇年代を通じて、気象学者の報告する地球の平均温度は比較的低いままだった。人々は家から外に出たときに目にする天気に特に注目するもので、目の前の天気からは地球温暖化が間近に迫っているとは思えなかった。温室効果による温暖化が進行中だと推測していた専門家たちも疑いをいだきはじめた。それでも、気候は安定した自然のつりあいによって調節されていて人間の介入には影響されないという、従来の気持ちよく受け入れられる意見に逆戻りする者は少なかった。

そういったたぐいの意見は、ほぼいたるところで減りつつあった。一九七〇年に最初のアースデイ(地球の日)が開催されたとき、環境保護主義が広く一般に知られて直接の政治的行動として現れたことがはっきりと示された。多くの環境保護主義者にとっては、ほぼすべての新たなテクノロジーは危険に見えた。かつて人々は人類が環境を改造するというユートピア的な希望を抱いていたが、いまではそのような「干渉」は無知かつ無謀で、もしかしたら邪悪なことにすら思われはじめてきた。あらゆる民主主義の工業国で、国民は政府に環境保護法を制定するように迫った。政府は降参し、スモッグの削減や水源の浄化などのための措置をとった。

ほかの人々と同じように、科学者も新たな傾向に影響を受けた。人間の活動が地球物理学的システム全体をどのように歪めうるのかますます知りたくなってきたのだ。また逆に、科学者の発想と調査結果は、深刻な環境の害が間近に迫っていることを大衆に納得させるには不可欠なものだった。科学と社会の関係を熟考したとき、世論は新たな科学的事実に賢明に反応したと言う人もいる。あるいは、科学者の判断はその時々の大衆の偏見の圧力によって歪められたと言う人もいる。この二つの意見はどちらも、科学者と大衆の考えをあまりにも区別しすぎている。北米やヨーロッパなどの地域では、大衆は比較的知識があり高等教育を受けているので、科学者と一般大衆の意見は一緒に進化していた。

科学者と大衆の意見がともに進化していることを示すよい例は、確固たる科学的探求をおこなうよりもはるか前に、ジェット機が雲を増やすのではないかとふと気づいたロバーツの観察に端を発した出来事だ。『ニューヨーク・タイムズ』紙はこの話を第一面の記事にして（一九六三年九月二三日付）、ジェット機は「主要な航空路に沿って知らぬ間に気候を変えつつあるのかもしれない」と読者に語りかけた。このようなちょっとした推論が、一九六〇年代半ばにはより深刻なものとなった。米国政府が超音速旅客機の運行計画を発表したのだ。一年に何百回もの飛行が成層圏上部の希薄な大気に水蒸気などの排気ガスを送り込むことになり、自然のエーロゾルがまれな成層圏では新たな化学物質が何年もとどまるかもしれない。国民の反対がたちまち広まった。おもな反論は（それによって連邦議会は一九七一年に計画を中止せざるをえなくなったのだが）、超音速機は耐えがたい騒音を出し税金の無駄遣いになるという苦情だった。だが、超音速機の排出物が大気を汚染する可能性があるという科学者からの警告も、その反論を補強していた。

一九七〇年には、超音速旅客機とその他多数の環境問題に関する不安に刺激を受けて、一部の政策起業家〔社会改革を目的として行政機関に対して政策提言をおこなう専門家。NPOの活動家、大学およびシンクタンクの研究者、官僚など〕が画期的な「重大な環境問題の検討会」を組織した。マサチューセッツ工科大学で実施された会合には、さまざまな分野の専門家が四〇名ほど集まり、空気と海洋の汚染、砂漠の前進、その他人間の引き起こすさまざまな害悪について一か月にわたって協議がおこなわれた。とりわけ、まさにロバーツが怪しんだように、過去数十年間でアメリカ上空の巻雲が増加していることが報告された。超音速旅客機の運行が始まれば、火山の噴火と同じくらい激しく成層圏を変化させることになるかもしれない。あるいは、そうはならないかもしれない。実際の影響を計算するのはとうてい無理だと専門家は認めていた。最後に出された会議報告書の中で、潜在的な問題のリストの最初の項目として、科学者たちはCO_2の世界規模の増加を指摘した。ここでもまた、その影響は計算不可能だった。したがって今回の検討の結論としては、地球温暖化のリスクは「非常に深刻であるため、気候変化の将来的傾向についてさらに多くを学ばなければならない」とまとめるにとどまった。(3) これは、真情あふれる昔からの格言「もっと研究費を増やすべきだ」のことだ。温暖化の可能性はあまりにも不確かだったので、CO_2の放出を制限するための実際の行動を促そうと考えた人は誰もいなかった。

検討会の参加者は一人を除いて全員がアメリカの居住者で、この問題にはもっと多国籍の取り組みが必要だと思った者もいた。これがきっかけで、民間および政府のさまざまな機関の資金提供により、一九七一年にストックホルムで一四カ国の専門家による包括的な会合が開催された。「人間が気候に及ぼす影響の研究」だけに焦点を当てた大規模な会議はこれが最初だった。徹底的な議論によっても今後起こりそうなことに関する意見の一致はもたらされなかったが、深刻な変化の可能性があるという点では全員が同意した。広く読まれた報告書は、人類が放出する粒子状汚染物質および温室効果気体の脅威に対する注意を決然として求めるかたちで締めくくられていた。「人間の活動の結果として、今後一〇〇年のうちに」危険な気候シフトが起こる可能性があると科学者たちは明言した。これらの冷静な専門家は、環境保護運動の原動力となっている新たな姿勢を採用し、それを支持しつつあった。報告書の巻頭にはサンスクリット語の祈りが記されていた。「おお母なる地球よ……あなたを踏み荒らす私を許したまえ(4)」

気候災害を報じるニュースが新たな暗いムードに拍車をかけた。一九七二年、干ばつがソ連の農産物に大きな被害をもたらして世界の穀物市場を混乱に陥れ、インドではモンスーンの雨が少なかった。アメリカでは中西部が干ばつに襲われ、その深刻さは新聞の一面やテレビのニュース番組で何度も取り上げられるほどだった。何よりも劇的だったのは、アフリカのサヘル〔サハラ砂漠の南に接する半砂漠的な広大な草原地帯〕で何年も続いていた干ばつが恐ろしいピークに達したことで、何百万もの人々が飢えて、何十万もの人々が死に、集団移住が引き起こされた。日照りで枯れた野原とやせ細った難民の姿を伝えるテレビ映像や雑誌の写真は、気候変化が私たち全員にとってどのような意味をもちうるのかを痛感させた。

気候科学者に急速で破壊的な気候変化の可能性を考える覚悟を決めさせたのは、世間のムードだけではなかった。彼らはまた、過去の気候を示す新しいデータに強い印象を受けていたのだ。最も強烈なデータの一部はウィスコンシン大学から出されたもので、同大学ではブライソンが研究グループをつくって新たな学際的な視点で気候を調査していた。このグループには、中西部のネイティヴアメリカンの文化を研究している人類学者が含まれていた。骨や花粉にもとづいて、一二〇〇年代に悲惨な干ばつがこの地域を襲ったことが推定された――マウンド・ビルダー〔五大湖からフロリダ地方にかけて多数の土塁や塚を残した先史インディアン〕の文明が崩壊したまさにその時期だ。この時代の前後に大干ばつが南西部のアナサジ文化を滅ぼしたことはすでに知られていた（その証拠は住居跡の古い木材の年輪から得られた）。一二〇〇年代の干ばつにくらべると、一九三〇年代の壊滅的なダスト・ボウルの状況など穏やかで一時的なものだ。さまざまな歴史的証拠から、気候シフトは世界規模だったことが暗示されている。そして、明確な始まりと終わりがあったらしい。一九六〇年代半ばまでに、ブライソンは次のように結論を下した。「気候変化はゆっくりとした漸進的変化によって生じるのではなく、むしろ（大気の）ある循環の型から別の型への外見上不連続な「ジャンプ」によって生じている」(5)

次に、ブライソンのグループは最終氷期の終わりごろの花粉の放射性炭素年代を再検討した。一九六八年、彼らはおよそ一万五〇〇〇年前に木の種類の組み合わせが急速にシフトしていることを報告した。この時点までは、気候科学者が「急速な」変化と言った場合、それはわずか一〇〇〇年ほどの間に起こった何かを意味していた。ブライソンと共同研究者たちは、一世紀以内に起こった変化を見いだしたのだ。過去一万年あまりの期間に広がる何百件もの放射性炭素年代に注目した結果、彼らは不安にさせるおおまかな結論に達した。「準安定」の気候の期間は、「最長で一、二世紀の間に起こった劇的な気候変化」による破局的な「不連続」とともに終わったのだ。(6)

もちろん、特定の森を一変させるのに地球規模の気候変化は必要ない——まったく局地的な事件でも可能だ。多くの専門家は相変わらず、全世界の気候が一〇〇〇年程度よりも短い期間で変化しうると想像するのは純然たる憶測にすぎないと感じていた。もしブライソンやその他の気候科学者がこのとき、データが破局的変化を証明していると発表する気になったとすれば、当時の全体的な雰囲気がそれを許したからというのもその一因だった。それと同時に、そのような発表は、科学ジャーナリストによって取り上げられて広められることで、全体的な雰囲気を変えるのを助けていた。一九七〇年代の気候に関する大衆向けの記事で、ブライソンの引用か少なくとも彼の意見に関する言及が含まれていないものはほぼ皆無だった。

ブライソンの意見を無視することはできなかった。それを裏づける証拠が世界の果てから現れつつあったからだ。最初の報告はグリーンランドからで、この凍りついた荒野はすでに氷河時代に関する一九世紀の論争において重要な役割を果たしていた。遠い昔の少数の地質学者は一キロメートルもの厚さの大量の氷の存在を思い切って仮定していたが、探検隊はスキー板の下に実際にそのようなものを発見して驚いた。何世紀にもわたって次々に層が積み重ねられてきた氷床の中には、過去の記録が封じ込められていた。

氷の記録を活用しようという最初の試みは一九五七―一九五八年の国際地球観測年の間に始まっており、少数の科学者がグリーンランド氷床の上に設置された軍事施設キャンプ・センチュリーに向かった。このたいへんな計画を指揮したのは米国政府で、ソ連に向かう最短の航空路に位置する北極地方を熟知することを切望していたからだ。一九六一年、特別に改造されたドリルによって直径五インチ（約一二・七センチ）で長さ数フィート（一フィートは約三〇センチ）の氷のコアが引き上げられた。何かを調整するために手袋を数分間はずすだけで指一本とまではいかなくても指先の皮膚を失いかねないこの地では、これはかなりの偉業だった。

氷床掘削関係者は、自分たちだけの小さな国際社会をつくりはじめた。いろいろな国々から来た人々の異なる関心が、長く、ときには不快な交渉を招いた。だが、協力の苦労にはそれだけの価値があった。さまざまな専門知識をもたらし――さらに、資金を提供してくれそうなさまざまな機関を呼び込んだのだから。科学者たちは巧妙な装置を考案して、それをトン単位でなんとか極地に運んだ。高価なドリルの頭が地下一マイル（約一・六キロ）で引っかかって抜けなくなっても、技師は設計に再び取りかかり、チームリーダーはどうにかしてさらに資金を集め、そうして作業はゆっくりと前進した。(7) 五年間の奮闘ののち、キャンプ・センチュリーのドリルはおよそ一・四キロメートルの深さで岩盤に到達し、一〇万年も昔の氷を掘り出した。二年後の一九六八年、大昔の氷の長いコアがもう一本、さらに寒くてよりへんぴな場所、南極大陸で取り出された。

コアからは多くのことが読み取れた。たとえば、酸性の塵を多量に含む層のそれぞれが、過去の火山噴火を示していた。さらに大量の鉱物質の塵が氷の深い場所から見つかり、これは最終氷期の世界の気候がいまよりも風が強かったことの証拠となった。嵐によってはるばる中国から塵が運ばれてきたわけだ。だが、最大の期待は氷の中の気泡に寄せられていた。幸運にも、過去の空気をそのまま保存したものがこうして地球上にただ一つ存在していたのだ。無数のちっぽけなタイムカプセルだ。しかし、この空気を抜き取って測定する信頼性の高い方法は、長い間にわたり誰も考え出すことができなかった。

初期のころは、最も有効な作業は氷そのものを使ったもので、一九五四年に創意工夫に富んだデンマーク人雪氷学者ウィリ・ダンスガーが考案した手法を用いていた。ダンスガーは、氷の酸素同位体の比率（O18／O16）が雪が降った時点での雲の温度を示していることを証明した――空気が暖かいほど、たくさんの重い同位体が氷の結晶の中に入り込むのだ。キャンプ・センチュリーでボーリング穴から引き上げられる氷の円柱を一本一本測定しつづけてきた研究者たちにとって、同位体比の変化を見て最終氷期にたどりついていたことを知った日は、心浮き立つ一日となった。氷コアの予備調査の結果は一九六九年に発表され、そこに示された変化の度合いはおそらく一〇度程度の変動を示していた。グリーンランドと南極のコアの比較から、気候変化はほんとうに地球規模のもので、両半球で基本的に同時に起きていたことが証明された。これによって、地域の環境だけに頼った氷河時代に関するいくつかの古い仮説は、たちまちゴミ箱行きとなった。

氷コアの調査により、すでにウォーリリー・ブロッカーが深海の堆積物を見て気づいていた細かい点が確認された。氷期サイクルはぎざぎざの曲線をたどって進んでいるのだ。それぞれのサイクルの中で、急激な温暖化のあとにはよりゆるやかで不規則な寒冷化が何万年にもわたって続く。最近数千年のような暖かい時期は、通常長くは続かない。だが、そのような興味をそそるヒント以外は、長期のサイクルについてグリーンランドの氷コアからわかったことはほとんどなかった。非常に深い場所にある氷はコールタールのように流れていて、記録が混乱しているからだ。氷床掘削者たちのたゆみない努力にもかかわらず、一九七〇年代の最も信頼性の高いデータはまだ深海のコアによるものだった。海底コアの採取もこれまた困難で危険な作業で、揺れる船の甲板の上で濡れた長い管を手で動かすのだ。海洋学者は〔氷床掘削者と同様に〕何週間または何か月も家族から離れ、質素な条件で共同生活を送った。チームは順調に機能するかもしれないし——そうはいかないかもしれない。どちらにしても、科学者たちは長時間にわたって働いた。取り組む問題は刺激的だし、結果に興奮させられるときもあるし、同じ作業にいそしむ全員にとって仕事に専念するのは自然なことだと思われていたからだ。

そのすべてを価値ある仕事とするために、海底掘削者たちはありったけの知識と運にすがってサンプル採取に適した場所を見つけなければならなかった。それは海底の上に泥の層が異常に速く定常的に積み重なって乱れのない、数少ない場所だ。一九六〇年代の間に、技師はチェザーレ・エミリアーニが一九五〇年代から求めていた一〇〇メートルの連続した粘土のコアを採取するための掘削技術を考え出した。一方で科学者は、過去の気候の解明に役立ちそうなデータを地層から抽出するための巧妙な方法を考案した。

最も顕著な特徴は一〇万年周期だった。あまりにも目立つので、これが気候の謎全体を解く鍵になるに違いない。この長期のサイクルは、すでに以前のいくつかの海底コアの調査でも暫定的に確認されていた。その確証はまったく異なる種類の記録から出てきた。チェコスロヴァキアの煉瓦用粘土の採掘坑で、ジョージ・ククラは風に吹かれた塵が積もって深い土の層をつくり上げている点に注目した〔このような土を地質学者は「レス」と呼ぶ〔中国の黄土の同類〕〕。氷床の複数の前進と後退が、異なる種類のレスがつくる色つきの帯として肉眼で確認できた。これは、野外で目を見開いて歩き回る昔ながらのフィールド地質学が大きな実を結ぶという、この物語の中では数少ない例のうちの一つだ。分析により、深海の採掘場所の一部からは世界の反対側にあたるこの地にも一〇万年周期が浮かび上がっていることが証明された。

だが、誰も完全には確信できなかった。放射性炭素は、数万年前よりもさらにさかのぼる年代を示すには崩壊が速すぎる。それ以上に深い部分の年代尺度はコアに沿って長さを測ることで推定するしかなく、堆積物が一定のペースで積み重なっているのかどうかは不確かだ。一九七三年、ニコラス（ニック）・シャクルトンが放射性カリウムを用いた新しい技術で年代を決めた。放射性カリウムは放射性炭素よりもはるかにゆっくりと崩壊するのだ。彼はその年代尺度を、インド洋から採取した見事な深海コアである有名な「ヴェマ二八―二三八」（ラモント研究所の海洋調査船にちなんで名づけられた）に応用した。このコアの年代は一〇〇万年前にまでさかのぼり、非常に幅広い範囲の精密なデータが含まれていて、シャクルトンはそれを巧みに分析した。部屋いっぱいに詰めかけた気候科学者に彼がグラフを見せると、期せずして歓声があがった。

シャクルトンの研究は、ほかの長いコアによって裏づけられ、エミリアーニが断固として主張していたことがようやく明確に立証された。主要な氷期は四回だけではなく、何十回もあったのだ。コアの測定値について洗練された数値解析をおこなった結果、全部の卓越周波数（数値の時系列をサイン・コサイン波形のたし合わせで表現したとき、大きな振幅をもつ波の周波数）が一度にあきらかになった。氷床は、支配的な一〇万年周期とともに、およそ二万年と四万年の周期が重なった複雑なリズムで盛衰を繰り返していた。これらの数値は、ミランコヴィッチが計算した軌道の変動の周期とほぼ一致していた。特に印象的なのは一九七六年におこなわれたインド洋のコアの高精度な調査で、二万年周期が一万九〇〇〇年と二万三〇〇〇年の近いが別々の周期に分離された。それはまさに、最高の新しい天文的計算が予測した「歳差」――地球の軸のすりこぎ運動――の周期特性だった。これらの調査によって大部分の科学者は、軌道の変動は長期の気候変化にとって重要だということを確信したのだ。

地球に達する太陽光の量の微妙な変化は気候に影響を与えるには小さすぎるという昔からの反論はまだ残っていた。さらに悪いことに、堆積物の記録の中で優位を占めているのは一〇万年周期で、この周期の日射量の変化（これは「離心率」――太陽のまわりの地球の軌道の形が完全な円よりもかすかにふくらんでいる度合い――のわずかな変化から生じる）は特に小さいのだ。唯一の理にかなった説明は、シャクルトンなどがすぐに理解したように、フィードバックが変化を増幅しているからということになるに違いない。おそらくこのフィードバックは、ほぼ同じ時間スケールで共鳴したほかの自然の周期現象を必要とする。軌道の変化は、内部から動かされるフィードバック・サイクルの正確なタイミングを決める「ペースメーカー」として役立っているだけだ。ミランコヴィッチの時代には、気候科学者の大半がそのようなことは疑わしいと考えていた。一九七〇年代半ばまでには、科学者はいたるところで、外部の影響に対して敏感に反応する態勢にあるフィードバック・サイクルを目にしていた。

太陽光の変化と歩調を合わせた自然の周期現象とは何か？　最も明白な容疑者は大陸氷床だった。雪が積み重なってやがて氷が外に流れ出すまでには何千年もかかる。それに関連した容疑者は堅い地殻だった〔厳密には「地殻」ではなくその下にある「マントル」のうち比較的地殻に近い部分である〕。地質学的な尺度ではこれは実のところ堅いわけではなくて、氷の巨大な塊に押しつぶされている場所ではゆるやかに沈み、氷が融けるとゆるやかに跳ね上がった（北欧は二万年ほど前に氷の重荷から解放され、いまだに年に数ミリずつ上昇している）。一九五〇年代以降、科学者は氷期のタイミングがこのような遅い塑性的な流れ、つまり氷の拡大と地殻の岩石の変形によって決まっているのかもしれないと推測していた。一九七〇年代の間には数多くの科学者が、氷の蓄積と流出、それにともなう地殻の動き、太陽光の反射の変化、海面の上昇下降の間のフィードバックが一〇万年周期をどのように動かしうるかを示す精巧な数値モデルを考案した。これらのモデルはあきらかに推論的なものだった。誰もそのようなプロセスについて頼りになる方程式もデータももっていないのだから。だが、何らかの種類の自然のフィードバックシステムがミランコヴィッチのわずかな日射量の変化を（さらに、もしかしたらその他の変化も？）増幅して完全な氷期に至らせたという可能性があるようには思えた。

原因がなんであれ、大昔の温度を示すグラフの曲線は天文学的な周期の複雑なパターンに並外れた正確さで従っていた。計算を続けて未来を示す曲線を推定するのは当然のことだった。予測された曲線は、今後二万年ほどにわたって下向きになっていた。エミリアーニ、ククラ、シャクルトンなどの専門家は、地球は徐々に新たな氷河期に向かっているという結論を下した。

あるいは、もしかしたらそれほど徐々にではないのでは？　一九七二年、米国気象局の一流の気候専門家であるマレー・ミッチェルは、「雄大な、律動的なサイクル」という古い見かたに代わって「はるかに速くて不規則な遷移」が新たな証拠から示されつつあり、その場合には地球が「何千年（何百年という意見もあるだろう）という驚くほど短い期間で氷期と間氷期の状態の間を揺れ動く可能性がある」と述べた。[8] このような揺れ、特におよそ一万二〇〇〇年前の新ドリアス期の振動の証拠は、大昔の氷河のモレーン、化石化した海岸線や湖水線、最も乱れのない深海コアの中の生物の殻などに関する放射性炭素の研究から発見されていた。最も説得力のある証拠は、デンマーク人とアメリカ人から構成されたダンスガーのグループによって掘られたグリーンランドのコアから現れた。ゆるやかなサイクルの中に、ダンスガーの言葉を借りれば「目を見張るような」シフトが混ざっていたのだ。おそらく一世紀か二世紀ほどの短い期間におけるシフトで——そしてまたもや、新ドリアス期が含まれていた。[9] これは錯覚かもしれない。非常に深い場所における氷の流れは記録を混乱させるからだ。あるいは当時、全世界とまではいかなくても北大西洋周辺の気候は、ほんとうに激しく変化していたのかもしれない。

科学者たちがだんだん、地球規模の気候が一世紀の間に大きく変化するかもしれないと考える気になりつつあったとしたら、それはパズルのさまざまなピースがどんどんうまい具合にはまっていくように見えたからだ。一九五〇年代と一九六〇年代に開発された初歩的な気象モデルおよび気候モデルでは、突然の揺れが繰り返し生じていた。回転する皿洗い桶や、単純な方程式の組にもとづいて計算機で動かされたモデルだ。これらのモデルは未熟すぎて信頼できる結果など出せないとして片付けることもできたはずだ——だが過去のデータにより、気候は根本的に不安定だという概念は結局ばかげたものではないことが証明された。さらに、データに見られたジャンプは、たんなる局地的な変化または単純な誤差の影響として片付けることもできたはずだ——だがモデルにより、そのようなジャンプが物理的に起こりうることが証明された。

科学者が大陸氷床のモデルをつくるために開発していた方程式ですら、急速な変化の予測を示して不安にさせた。一九六二年にジョン・ホリンは、南極大陸に何キロメートルもの高さに積み重なってゆっくりと海に押し出されつつある膨大な量の氷が、そのへりによって適切な位置で支えられているのだと主張した。このようなへりの氷は、海底に接する周辺部の「接地線」で固定されていた。海面が上昇したら、海底から氷床が浮き上がり、そのうしろにある膨大な氷床全体が解き放たれてより速く海に流れ込むことになるかもしれない。この考えに目を留めたアレックス・ウィルソンは、「サージ（急な動き）」の壮観さを指摘した。雪氷学者は昔から、山岳氷河が突然いつものゆっくりした動きをやめて、一日に何百メートルも前進する様子に興味をそそられていた。こういうことが起こるのは、底部の圧力によって氷が融けて水が潤滑の働きをしたときだと推測されていた。氷が動きはじめると、摩擦によってさらに氷が融けて水が増え、流れが加速する。南極大陸の氷も、そのようにして不安定になることがあるのではないか？

もしそうなら、ウィルソンが描いたその結果は恐ろしいものとなる。氷がサージで海に押し寄せるにつれて、世界の海岸は水没するはずだ。だが、それは人類の問題としてはほぼ最小のものだ。巨大な氷床は南大洋の全域に浮かび、太陽の光を反射することで世界中を冷やし、新たな氷河期をもたらすだろう。

一九六〇年代を通じて、これらの考えを大いに信じるという科学者はほとんどいなかった。南極大陸の大部分を覆い、場所によっては厚さ四キロメートルを超えるほどの氷は、大陸の基盤岩にしっかりと根を下ろしているように見えた。ところが一九七〇年あたりになると、オハイオ州立大学の雪氷学者J・H・マーサーが西南極氷床に世間の注目を集めた。これは小さめの（それでもまだ巨大な）氷の塊で、南極大陸の大部分から山脈によって切り離されている。マーサーは、この氷体を大陸に引き止めているのはへりから海面に浮かぶ棚氷による特に微妙なつりあいだと主張した。棚氷はわずかな温暖化で崩れるかもしれない。もし西南極氷床が解き放たれて海に滑り出したら、海水位は五メートルも上昇し、多くの大都市を見捨てざるをえなくなるかもしれない。これは急速に起こりうることで、今後四〇年以内にも実現するかもしれないとマーサーは考えた。

ほかの雪氷学者たちはこの考えを検討するために、国際地球観測年やその後の機会に南極大陸の一部を横断した勇敢な調査隊のデータを使い、氷の動きのモデルを構築した。その結果、西南極氷床はほんとうに不安定かもしれないということがわかった。ある論文の著者は一九七四年に、氷床がいますでにサージを始めつつあるという「可能性は十分にある」という結論を下した。[10] 気候の専門家と地質学者の大半は、これらのモデルは憶測の域を出ないと感じた。西南極氷床が数世紀以内に崩壊することなどとうていありうるとは思えない。だが、今後数世紀の間に氷の大陸の五分の一を海に落とすほどのサージだけでもかなりのおおごとで、それ以上に速い崩壊はありえないとするにはモデルがあまりにも不十分だった。

一九七〇年代の気候専門家が少し氷に気を取られすぎているように見えるとしたら、それは彼らの受けてきた教育と関心にぴったりと合っていたからだ。それまで一世紀にわたってこの分野は、何よりも氷河時代にかかわってきた。彼らの技術は、花粉の調査から氷コアの掘削にいたるまで、暖かい時期と氷期の間の振動を測定することに向けられてきた。机に戻っても、氷期の気候が現在とどれほど異なっていたかを推測する作業に専念し、このような振動を引き起こしうるものは何かをあきらかにするというたいへんな難問に取り組んだ。彼らが過去から未来へと注意を向けはじめてきたことで、「気候変化」に結びつけるべき最も自然な意味は、次の寒冷期に向かう変動となった。

一九七二年、氷河時代の専門家のおもな顔ぶれがブラウン大学に集まり、現在の温暖な間氷期がいつどのように終わる可能性があるのかについて議論した。グリーンランドの氷コアやエミリアーニの有孔虫などの野外からの証拠を再検討した彼らは、間氷期は期間が短く突然に終わる傾向があるということで意見が一致した。そのうちの大多数はさらに、ミランコヴィッチの曲線を未来に向けて推定していくと「現在の温暖期の自然な終結はまぎれもなく近い」ことが示されるという点でも意見が一致した。彼らは、気象記録によれば一九四〇年以降世界は温暖化していないことに注目した。このような傾向に特に敏感だと思われた北極地方は、寒冷化の兆しを見せていた。科学者たちは完全な合意に達するにはほど遠い状況で、一部の人々はいかなる寒冷化も温室効果による温暖化またはその他未知の要因によって打ち消されるかもしれないと主張していた。だが大多数は、深刻な寒冷化を「今後数千年あるいは数百年の間に覚悟しなければならない」という声明で意見が一致した。(11)

この研究グループのメンバーの数名はリチャード・ニクソン大統領に手紙を書き、研究の強化に対する支援を政府に求めた。これは一九七〇年代の一般的な動向の一例だった。科学の専門家は地球環境の未来を検討するため、政策決定に影響力をもつ人々にコンタクトを取っていた。

研究グループでは、自然のサイクルが最大の危険ではないのではないかと考えられていた。CO_2による地球温暖化を心配する者もいる一方で、いまでは地球寒冷化のリスクのほうが大きいと見る者もいた。ミランコヴィッチの書いた予定表に予言されていた何千年後かの温度の下降は、人類の農工業が生んだ煙と塵によって早められるだろうか？　少なくともブライソンは、そのような急速な寒冷化が残念ながら起こりそうだということを、ますます確信をもって主張した。

ブライソンが熱帯上空を飛んでいた際に気づいたように、地域全体が一度に何か月もの間にわたって煙霧に覆われることがありうるのだ。すでに一九五八年には、ある専門家が「汚染された大気と汚染されていない大気をはっきりと区切ることはもうできない」と述べていた。[12]だが気象学者の大半は、汚染の都市以外への広がりになかなか気づかなかった。汚染の粒子に関心をもつ科学者はおもに数日以内で大気から落ちる塵の研究をしていて、それよりもはるかに長くとどまる顕微鏡スケールの粒子は対象外だったのだ。スモッグを調査していた人々が大気の混濁度（煙霧の強さ）を定期的にモニターする観測点のネットワークを設立したあと、ようやく理解が深まるようになった。一九六七年、シンシナティの国立大気汚染制御センターの二人の科学者が、一〇〇〇キロメートルにわたる地域の全体的な混濁度が徐々に上昇していることを報告した。混濁度の記録をさらに調べると、ハワイや北極および南極などの遠隔の地域ですら上昇が見られた。人類による物質放出が地球規模の気候に影響を与えるのは抽象的な未来の話ではなくて、いままさに起きている事態なのか？

これらの研究は、一般大衆のものの見かたの全体的な転換に寄与し、同時にそれに対する反応でもあった。世界の海と空気は、すべての放出物を安全に吸収してくれるほぼ無限のゴミ投棄場と見なすことはもうできない。一九六〇年代末期の北大西洋上空の空気が一九一〇年代にくらべて二倍も汚染されているという報告が出されると、不安はさらに増した。これはつまり、エーロゾルを大気から洗い落とす自然のプロセスが、人類による放出に追いつけなくなったことを暗示している。『ニューヨーク・タイムズ』紙（一九七〇年一〇月一八日付）に小さく報じられた記事にも次のように書かれていた。「大気汚染がこのまま抑制されずに続くと気候に深刻な影響を与え、新たな氷期をもたらすのではと心配する気象専門家にとって、これは不穏なニュースである」

だが、どれだけの煙霧がほんとうに人間が原因で発生しているのだろう？　一九六九年、ミッチェルは温度と火山に関する統計的研究を押し進めていた。そして、一九四〇年以降に北半球で見られた寒冷化の約三分の二は数回の火山噴火が原因だと計算した。彼は次のように結論を下した。「塵生産工場としての人間は、主役たる自然の下でごくちっぽけな役を演じてきただけである」(13)。その他の立派な気候学者たちも、過去一世紀ほどに起きた温度変化のすべてとまではいかなくてもかなりの部分は火山の塵が原因と考えられるということで意見が一致した。火山噴火の影響力の強さと人間による汚染の影響力の強さに関しては、意見がまとまらなかった。これらの問題はあまりにも長い間見過ごされていたので継続した綿密な調査を実施するに値する、と認めることしかできなかった。

一九七一年、S・イシチアク・ラスールとスティーヴン・シュナイダーが、ある先駆的な数値計算を発表したことでこの議論に加わった（これは、のちに地球温暖化の有名な解説者となるシュナイダーが初めて書いた大気科学の論文だった）。ミッチェルなどが提案した考えを発展させて、ラスールとシュナイダーはエーロゾルの影響がどれほど変化しうるかをあきらかにした。ある種類の煙霧は結局のところ大気を冷やすのではなく、暖めるのかもしれない。それは、エーロゾルが太陽からくる放射をどれだけ吸収し、地表から上がる熱放射をどれだけさえぎるかによって決まる。ラスールとシュナイダーの計算では、最も起こりうる結果として寒冷化が示された。地球の大気中の塵が二〇世紀が始まってからすでに倍増しているかもしれず、今後五〇年間でさらに倍増するかもしれないと推定した彼らは、これにより地球の深刻な寒冷化が引き起こされ、三・五度ほども低下するのではないかと見積もった。さらにラスールとシュナイダーは、この寒冷化が温室効果によって打ち消されることはないと信じていた。彼らのモデルによれば、たとえ多量のCO_2が増えてもわずかな温暖化しか起こらないはずだからだ。エーロゾルによる温度の低下は「氷河期を引き起こすのに十分なものとなりかねない！」と彼らは叫んだ。(14) 実際には彼らの方程式とデータは初歩的なもので、批判者たちはすぐに致命的な欠陥を指摘した。だが、もし彼らが間違っているのなら、何が正しい解釈なのだろうか？

エーロゾルが放射の吸収または散乱を起こすことによる直接的な影響のほかに、さらに大きな謎が残っていた。微粒子は特定の種類の雲ができるのをそれぞれどのように助けるのだろう？　そして、その向こうにも同じくらい謎めいた問題が迫っていた。ある特定の種類の雲は、上下から来る放射をどのように反射することによって地球を冷やし、あるいはもしかしたら暖めうるのだろうか？　単純化された計算から、あらゆる種類の微妙で複雑な影響があきらかになった。一つだけ確実なのは、エーロゾルは気候に変化をもたらす可能性があるということだった。もしかしたら、重大な変化を。

いまや多くの人々が、エーロゾルやCO_2など人間の生産物がどれほど大きな変化をもたらしうるのかを知りたがっていた。その重要な質問に答えるためには、不完全なごまかしのモデルよりも優れたものが必要だった。科学者は数学的な計算に目を向けた。一九六三年にフリッツ・メラーは、ギルバート・プラスによる草分け的な研究（第二章）をもとにして、典型的な空気の柱の中で放射がどのように上下に進むかを示すモデルをつくり上げた（簡単な名称では「全地球平均の一次元モデル」という）。彼の基本的仮定は、温度の上昇とともに大気全体で水蒸気が増加するはずだということだった。これを計算に入れるために、彼は相対湿度を一定とした。それはまさに、かつて一八九六年にアレニウスが先駆的な計算でおこなっていたことだった（第一章）。メラーの計算でも、アレニウスが発見したのと同じフィードバックによる増幅が得られた。温度が上がるにつれて、空気中にさらに多くの水蒸気が残り、温室効果を高めていく。

計算が終わったとき、メラーはその結果に愕然とした。ある合理的な仮定のもとで、大気中のCO_2を二倍にすると一〇度の温度上昇をもたらしうるというのだ――あるいはさらに高くなるかもしれない。数学的にはいくらでも高い上昇が可能だった。海から水がどんどん蒸発して、大気が水蒸気で満たされてしまうだろう！　メラーはこの結果はあまりにも信じがたいと思ったので、理論全体を疑った。実は、彼のやり方に致命的な欠陥があったことがのちに判明する。だが、大部分の研究は欠陥のある理論から始まるもので、それによって人々はもっといい理論をつくろうという気になるのだ。メラーの計算に興味をそそられた科学者もいた。数学は何かほんとうに重要なことをわれわれに伝えようとしているのではないか？　単純な計算（詳しく見ればどのような問題を抱えていようと）が破局的な結果を生むというのは、気がかりな発見だった。このことが、全面的な計算機モデルを構築するというやりがいのある仕事に取りかかる刺激の一つとなった。

しかし、一九六〇年代を通じて大気全体の大循環の計算機シミュレーションは初歩的な段階のままだった。たとえ何週間も計算を続けても、結果は現在の気候とおおまかに似ているようにしか見えない。これでは、微妙な影響の下でどのような変化が起こるのかを人々に伝えることなどとうていできない。そこで、気候科学者の一部は、あまり費用がかからず困難の少ない方法で計算機を使おうと試みた。数分間でおおまかな数値を出すことのできる大いに単純化されたモデルを組み立てたのだ。このような単純なモデルをまったく信頼しない科学者もいたが、有益な「教育玩具」だと思う人々もいた——モデリングの出発点として、仮定をテストしたり今後の作業が効果的となりそうな場所を識別したりするために役立つ、と。(15)

このような気候変化の最も重要な単純モデルを作成したのは、レニングラードのミハイル・ブディコだった。彼がこの問題に引き込まれたのは、一九五〇年代からソ連の気候学者を悩ませていた壮大な計画のせいだった。もしシベリアから川の流れをそらさないなら、雪と氷の上にすすを広げて太陽光を吸収させることで北極圏を暖めてみたらどうか？　ある地域の積雪が温度とどのように関係しているかを示す過去のデータを調べたブディコは、劇的な相互依存性を発見した。

思いついたことをはっきりさせるため、ブディコは一九六八年ごろに大いに単純化された方程式の組を構成した。これは地球全体としての熱収支を表したもので、すべての緯度での入ってくる放射と出ていく放射を合計している。つまり「エネルギー収支」モデルだ。その方程式にありそうな数値を入れたとき、ある惑星について与えられた条件——つまり、特定の大気と特定の量の太陽放射——のもとで雪氷の広がりの状態が複数起こりうるということがわかった。もし、惑星が暖かい気候から冷えていきながら現在の状態にたどり着いたのなら、表面は黒っぽい色の海と土なので、太陽光を宇宙空間に反射する割合（「アルベド」）は比較的低いはずだ。したがって惑星は完全に氷のない状態のままでいられる。もし、氷河時代から暖まっていきながら現在まで来たのなら、表面にはいくらかの雪や氷が保たれていて、それが太陽光を反射するので、惑星は冷たい氷冠を失わずにいられるだろう。現在の条件のもとでは、地球の気候はブディコのモデルでは安定しているように見えた。だが、現在の温度とアルベドの数値をいくらか高くするだけで、方程式は臨界点に達した。氷が消え去って土と海水があらわになるにつれて、地球全体の温度が急上昇する。すると、恐竜の時代に見られたように、一様に永続的に暖かい惑星となり、海面は高くなるだろう。一方、温度が現在の状態よりもいくらか下がっただけで、方程式はもう一つの臨界点に達する。今度は、次々と水が凍るにつれて温度が急低下していき、やがて地球は完全に雪氷に覆われた安定状態に到達する。海はすっかり凍りつき、地球は永久的に輝く氷の玉に変わるのだ！　ブディコは、いまの時代について「気候の破局的変化が近づきつつあり……地球上の高等生物が絶滅するかもしれない」状態だという可能性はあると考えた。(16)

ほかの研究者も同じ道をたどっていたが、レニングラードのブディコの研究とは無関係だった——冷戦の国境を越えたコミュニケーションはまばらだったのだ。ついに完全な注目を集めたのは、一九六九年にアリゾナ大学のウィリアム・セラーズが発表したエネルギー収支モデルだった。彼のモデルはまだ「比較的おおまか」だと本人も認めていたが（これは「（遺感ながら）現行のモデルすべてにあてはまる」、とも付け加えている）、ごまかしがなく簡潔明快だった。気象学者は、セラーズがブディコとはまったく異なる方程式を用いているのに、彼のモデルもやはり現在の気候をほとんど再現できるのを見て感心した——しかも、小さな変化が激変につながる敏感さも示しているのだ。もし太陽から受け取るエネルギーが二パーセントほど減少したら、それが太陽の変動のせいであれ大気中の塵の増加のせいであれ、新たな氷期を引き起こすかもしれないとセラーズは考えた。そのうえ、完全に氷に覆われた地球というブディコの描いた悪夢もほんとうに起こりうることらしい。それとは正反対に、「人間の産業活動の増加により、いつか地球の気候が現在よりもはるかに暖かくなるかもしれない」ともセラーズは示唆している[17]。

ブディコとセラーズの描いた破局的変化〔ここでの意味は数学用語の「カタストロフィー」に近いことに留意〕は、地球の気候システムの実際の特性を反映しているのだろうか？　これは活発な議論の対象となった。一九七〇年代初めには一部の科学者が、フィードバックによって大陸氷床がいままでの推定よりも急速に形成されうるというのはたしかになるほどと思えると感じていた。それと正反対の事態——自動継続する加熱作用——は、さらに破局的かもしれない。少数の方程式によるもう一つの計算、つまりメラーのばかげた暴走温室が、現実的な何かを表しているという新たな証拠が出てきたからだ。

惑星は、科学者がさまざまな圧力や放射を与えてその反応を比較できるような実験室の物体ではない。私たちには一つの地球しかなく、それが気候科学をむずかしくしている。たしかに、過去の気候が現在とくらべてどれだけ違うかを調べれば多くのことを学べる。だが、これは限定された範囲の比較なのだ——違う品種のネコだが、それでもやはりネコだ。ありがたいことに、わが太陽系には完全に違う種（しゅ）が含まれている。根本的に異なる大気をもつ惑星だ。

一九五八年に発表された電波による金星の観測結果によれば、地表面温度は驚くほど熱く、鉛の融点付近だとわかった。地球とほぼ同じ大きさで、太陽からの距離もそれほど近いわけでもないのに、なぜこんなに大幅に違うのだろう？　一九六〇年、博士課程の若い学生カール・セーガンがこの問題を取り上げ、その解答により彼の名前は天文学者の間で知られるようになった。のちに本人が「あきれるほど未熟な方法」と振り返ったやり方を用いて、蒸気ボイラー工学のために設計された表のデータによって、温室効果が金星を焦熱地獄に変えうることを証明したのだ。これはおもに水蒸気のせいで、永続可能なプロセスに入り込んだのだと彼は考えた。惑星表面があまりにも熱いので、水分はすべて大気中の水蒸気となり、極度の温室効果状態を保つのに役立っているのだ。その後、金星の大気には水分がほとんど含まれていないことが判明した。セーガンは間違っていた――科学における誤りがさらなる研究を有効に刺激したという、もう一つの例である。

少数の研究者は、温度と水蒸気のフィードバックを単純な方程式の組で追求し、奇妙な結果を得た。一九六九年、アンドリュー・インガソルは「特異点」、つまり数値が無制限に大きくなるような数学的な点を報告した。彼はCO_2を主犯として指摘した。私たちの惑星の上では、大部分の炭素はすでに鉱物の中に閉じ込められて堆積物に埋もれている。それに反して金星の表面は、あまりにも熱く乾燥しているため、炭素を含む化合物は岩石の中にとどまるよりも蒸発してしまう。したがって、大気は膨大な量の温室効果気体で満ちている。もしかしたらかつて金星には生物に適した種類の気候があったのかもしれないが、暖まりつつある大気の中に水が徐々に蒸発し、さらにCO_2も蒸発するうちに、現在の地獄のような状態に陥ったのだろう（かつて金星の気候が地球に近いものだったのかどうかという疑問は、今日でも未解決のままだ）。ある計算によれば、地球もあと少しだけ暖かければ、同様につりあいを傾かせるのに十分な量の水分が蒸発するという。もしわれらが惑星があとわずか六パーセントだけ太陽に近い位置につくられていたら「やはり熱い不毛の惑星になっていたかもしれない」と論文の著者は述べている。この論文が発表されたのは一九六九年で、ブディコとセラーズの研究と同時期だった。[18]

そして次に、火星があった。一九七一年、工学が生み出した珠玉の作品である宇宙探査機マリナー九号が火星の周囲を回る軌道に乗り、目にしたものは……何もなかった。激しい塵の嵐が惑星全体を包み込んでいたのだ。そのような嵐は火星ではまれで、これは観測者にとってまったく不運ではなく、たいへんな幸運だった。すぐに、塵が火星の気候を大きく変えていることがわかった。太陽光を吸収して、惑星を何十度も熱しているのだ。塵は数か月後におさまったが、その教えはあきらかだった。煙霧は、たしかに大気を暖めることが可能なのだ。より一般的に言えば、いかなる惑星の気候を研究している人間でも、塵を非常に深刻に考慮しなければならない。さらに、一時的な温暖化が風のパターンを強めて、その風が塵をつねに巻き上げているように見えた。惑星の大気のシステムにおけるフィードバックが気象パターンをまったく違う状態に変えることができるという、印象的な証明となった。それはもう憶測ではなく、科学者の前に全貌を現した現実の出来事だった――「原因が知られている全球規模の気候変化の中で、いままでに人間が科学的に観測した唯一のもの」なのだ。[19]

マリナーが火星に到着する前に、セーガンは大胆な予言をしていた。この赤い惑星の大気は、二種類の安定した気候状態のどちらにも定まりうるのではないかと提案したのだ。厳寒で乾燥したいまの時代のほかに、もう一つのより穏やかな状態があって、そこでは生命を維持することすらできるかもしれない。この予言は、塵がおさまったあとにマリナーが地球に送ってきた火星表面の鮮明な画像によって実証された。かつて一部の天文学者が想像した運河はどこにも見えなかったが、地質学者は、はるか昔に巨大な洪水が惑星の表面を引き裂いていたことを示すはっきりした印をたしかに目にした。セーガンと共同研究者による計算から、火星の気候システムのつりあいは、比較的ささいな変化によって一つの状態から別の状態、さらにまた元の状態へと切り替わるようなかたちのものだということが示唆された。

このような変化の理論は、いまや地球の気候に関する考えにも行きわたっていた。人々はもう、気候を永遠に安定したものとは思っていなかった。説得力があったのは一つの証拠の重みではなく、それぞれ独立したさまざまな分野における証拠の蓄積だった。火星と金星、増加した煙霧とジェット機の飛行機雲、破局的な干ばつ、氷および海底の粘土の中で揺れ動いている層、惑星軌道とエネルギー収支と氷床崩壊の計算機による計算。それぞれが、恐ろしい急変を起こしがちな気候システムの物語を伝えたのだ。一つ一つの物語はそれ自体は奇妙だが、ほかの物語のおかげでもっともらしいものとなった。大部分の専門家は証拠の一部しか知らない。一般大衆の大半はそのうちのほとんどを知らない。でも、最も重要な考えは広まったのだ。

たしかに、近年の記憶の中では途方もない気候変化は起こっていなかった。だが、人々にはより長期の展望をもつ準備ができていた。二〇世紀前半の間は、戦争や経済的激変によって生活が暴力的なかたちで妨害されることが多かったせいで、長期的な計画は無駄なことのように見えていた。一九七〇年代までには、かなり落ち着いた時代になり、人々はさらに先のことを考えられるようになった。もし人間の物質放出によって二一世紀に気候が変化しそうならば、それはもはや、心配するには遠すぎる未来の話ではないように思えた。
もしかすると、誰かが何かすべきなのではないか？

第五章　大衆への警告

科学界における政治的な動きは、一九七二年に大気中のCO_2濃度の上昇について話し合われたシンポジウムの席上で一時的に顔を出した。何らかの種類の行動を求める声明を出すべきか？　ある専門家は次のように言った。「私はいくぶん保守的なほうだと思うが、知識がさらに統合され、もっと良いデータが得られたことが確認できてからでなければ、個人的には、この件に関して政治的な発言をすることに関与する気にはなれない」。ある同僚がそれに答えた。「状況が非常に速く変化しているときに何もしないのは、保守的な態度とは言えない(1)」

大部分の科学者は、研究を進めてその成果を発表することで自分の責務はすでに果たしていると思っていた。何か重要なことがあれば、おそらく科学ジャーナリストや政策立案者の目にとまるだろう。ほんとうに重要な問題については、科学者の間で、あるいはもしかしたら米国科学アカデミーとして研究グループを招集し、報告書を出すこともできる。ロジャー・レヴェルやリード・ブライソンなどの専門家は、尋ねられたときには自分の意見を喜んで説明しており、記者のために引用しやすい文句を考え出そうと努めてすらいたかもしれない。彼らは気候科学の現状について講演をしたり、『サイエンティフィック・アメリカン』などの雑誌に記事を書いたりといったことを進んでおこなっていた。そういった努力は、厳密には一般大衆とまではいかなくても、十分な教育を受けて科学に関心をもっている少数の人々に届くはずだ。

一般大衆の大部分は、何か特別なこと、ニュースになるようなことが起こらなければ注目しない。一九七〇年代初めの気候は、そういった機会を数多く提供した。インド、ロシア、アメリカ中西部の劇的な干ばつおよび農産物の不作と、アフリカで死者を出した飢饉により、ジャーナリストたちは気候科学者と何度も話をすることになった。彼らは、一部の科学者が気象のゆらぎは新たな氷期の前触れかもしれないと思っていることを報じた。結局のところいまでは多くの科学者が、長期的傾向は、ミランコヴィッチの曲線から推測されるゆるやかな寒冷化だろうと認めていた。だが、人間の介入がない場合にそれが起こるのだとしたら、人間の介入があったらどうなるのか？　先頭に立って一般大衆の不安をかき立てたのは、ほかのどの専門家よりも発言を引用されていたブライソンだった。彼は、工業や森林破壊や家畜の過放牧が引き起こす煙と塵の増加について、すべての人々に知ってほしかったのだ。巨大な火山噴火による煙と同じように「人間火山」は悲惨な気候のシフトを招きかねない、と彼は述べた。その影響は「すでにかなり強烈なかたちで現れつつある」とも明言した。増大する人口がますます不安定になる気象と衝突したため、世界は大量飢餓に直面しているのだ。(2)

気候の専門家の大半は、そのような考えはけっして科学的な予測ではなく、たんなる可能性にすぎないと主張した。責任感のあるジャーナリストは、あらゆる専門家がみずからの不明を認めていることをあきらかにした。それでも大部分の科学者は、『タイム』誌の表現を借りれば、「世界の長く続いた異例の好気候の時期はおそらく終わった——つまり、人類はこれから食料の生産に苦労することになる」と思っていた。(3) 最も一般的な科学的見解は、ある科学者の次のような説明に要約されていた。塵による汚染の増加はCO_2の増加と逆の働きをするのだから、寒冷化と温暖化のどちらが起こるのかは誰にもわからない。だがいずれにせよ、「われわれは、気候に及ぼす人間の影響が支配的なものとなる時代に足を踏み入れつつある」のだ。(4)

人間の物質放出が新たな氷期の到来を早めるにせよ、温室効果による温暖化をもたらすにせよ、その教訓は同じであるように思えた。「われわれは自然のエネルギーが蓄えられている場所に押し入り、みずからのあさましい欲望のためにそれを盗んでしまったのだ」とあるジャーナリストは熱弁をふるった。彼によると、「自然の微妙なつりあいをみだりに変えたわれわれのおこない」が、「物質主義の罪人に対する神の正しき裁きと報い」を招くと覚悟している人々もいるという。(5)

それよりも楽観的な人々は、気候を私たちの意志に従わせることでどのような悪影響も阻止できるのではないかと提案した。もし氷河期が迫っているのなら、貨物輸送機ですすをまいて北極の積雪を黒くするか、成層圏に太陽光を吸収するスモッグを送り込むか、あるいは北極海の海氷を「クリーンな」熱核爆発によって粉砕してもいいだろう。大部分の科学者はそのような考えを退けたが、SF小説のように聞こえる話だからという理由ではない。人間が気候を変えうるということは、この上なくもっともらしく思われる。しかし、人工降雨のための雲への種まきをめぐる自治体の間の激しい争いも、地球全体の気候を変えようとする企みがもたらすかもしれない紛争とくらべればなんでもないことだろう。それに、私たちの知識はあまりにも初歩的なので、介入すれば事態がますます悪化するだけかもしれない。

一般大衆はこういった話すべてに気づいていたが、漠然と知っているだけだった。一九世紀以降、マスメディアはあちこちの地域から将来的な脅威を吹聴してきたので、人々は今回も特に変わったことだとは思っていなかった。科学的な研究結果の報告はいつも、高級紙の内側のページの数段落の記事かニュース雑誌の科学文化欄に追いやられてしまい、かなり鋭い目をもつ市民にしか伝わらない。いくらか広い範囲の一般大衆――公共放送で教育番組を見る人々――に破局的な気候変化の脅威を最初に警告したのは、イギリスの一流科学ジャーナリスト、ナイジェル・コールダーだった。一九七四年に彼は気象に関する二時間の特別番組を制作し、そのうちの数分間を費やして「雪の奇襲」の可能性を警告した。突然の寒冷化は、南極の氷のサージ、地球温暖化、大気汚染、あるいはたんなる偶然からも引き起こされる可能性がある、とコールダーは言った。すべての国々が雪の層の下に埋もれてしまうかもしれない。何十億もの人々が飢えに苦しむだろう。新たな氷期は「原理上は次の夏に始まることもあるだろうし、いずれにしても今後一〇〇年の間には起こりうる」のだ(6)。

大多数の専門家は、そのような話を忌み嫌った。少数の科学者とセンセーションを求めるジャーナリストによって一般大衆が誤った方向に導かれていると感じたのだ。英国気象庁長官は「不吉なことばかり言う人々のせいでパニックを起こす必要はない」という公式メッセージを出した。多くの気象学者と同じように、長官は次のように考えていた。「気候システムは非常に強靭なので……深刻な崩壊を引き起こすほど人間の影響が増大するのはまだはるか先のことだ(7)」。慈悲深き「自然のつりあい」に対する伝統的な信頼は、一般大衆だけでなく科学者の間でもまだ広く残っていた。大多数の科学者は、ただ自分の研究を続けるほうがいいと思っていた。数十年後には、この問題を責任をもって論じるのに十分な知識が得られるかもしれない。

少数の科学者は、気候の破局的変化の予想を非常に深刻に受け止めて、個人的に大衆に直接呼びかける努力をすべきだと感じた。ブライソンは *Climates of Hunger* という題名の本〔邦訳『飢えを呼ぶ気候――人類と気候変化』古今書院〕を書き、一九七七年に出版した。彼は、いくつかの原始社会が突然の干ばつによって壊滅し、それは最近数世紀の干ばつよりもはるかにすさまじい規模だったことを説明して、そのような天災が現代文明を襲う可能性があると警告した。[8] 自分の意見を伝えようと努力していたもう一人の気候学者が、スティーヴン・シュナイダーだった。彼はジャーナリストである妻と共著で *The Genesis Strategy : Climate and Global Survival*（創世記戦略――気候と地球規模のサバイバル）という大衆向けの本を書いた。大部分の人々が想像するよりも気候は急激に変化する可能性があると主張して、衝撃をやわらげるための政策を考案すべきだと全世界に向かって忠告している。たとえば、より強靱な農業システムを構築するなどだ。創世記の中でヨセフがファラオに助言したように、豊作のあとに続く飢饉に備えるべきなのだ。[9]

一部の科学者は、ブライソンやシュナイダーなどが一般大衆に直接語りかけていることを批判した。本を書いたり全国を講演して回ったりするのに費やす時間の分だけ、「ほんとうの」研究をおこなう時間が奪われてしまう。それに、大多数の科学者は気候変化に関する明確な主張は時期尚早だと感じていた。この問題全体が不確実な事柄にあまりにも満ちているため、科学知識の乏しい一般人に対してテレビ放送用のような簡略化した言葉で伝えられるには適さないと思われた。だが好むと好まざるとにかかわらず、この件は政治的な問題となりつつあった。少なくとも、政策にかかわるという狭い意味においては。気象学の専門学会では、CO_2蓄積のペースなどの学術的な問題に関する議論に、政府はどのように対応すべきかという議論が絡み合うようになった。科学者はその専門知識をはるかに超えた問題に取り組みはじめていた。化石燃料への依存は縮小されるべきか？　世界の貧しい人々に食料を供給しようと努力している状況の中で、気候変化を防ぐためにどれだけの資金をつぎ込むべきなのか？　科学者が、社会的および経済的な問題について科学者として話すことは正しいことなのだろうか？

世界が暖かくなりそうなのか寒くなりそうなのかという点ですら意見がまとまらない科学者たちだが、最初のステップは気候システムの働きを理解するための努力を倍増することであるはずだという点では満場一致だった。研究を求める呼びかけはいつも自然に研究者のもとに届くものだが、一九七〇年代初め以降は気候科学者がより頻繁に熱意をもってそのような呼びかけをおこなった。「もっと研究費を増やすべきだ」という古くからの主張を言い張るのに、これほど説得力のある理由を目にしたのは初めてのことだった。

それでもやはり、長期にわたる気候変化の研究は依然として重要ではないテーマのままだった。一九五〇年ごろから発表される論文の数が急増しはじめていたが、それはたいして意味がなかった。最初のレベルが取るに足らないほど低かったからだ。一九七〇年ごろには増加の勢いが失速し、論文の発表されるペースはゆるやかに上昇しているにすぎなかった。一九七〇年代半ばになると、この問題のあらゆる側面に関する論文を世界中で合計しても、年間に発表される数は一〇〇編を優に下回っていた。[10] 経済的に停滞していたこの時期、どの国でも気候科学に対する資金提供は全般的に動きがなかった。理由の一つは、さまざまな民間組織と比較的小さくて権力のない政府機関に資金が分散されていたからだ。

改善のための一つのチャンスは一九七〇年に訪れた。海洋科学の研究費は特に散らばっていたので、中央集権化された機関——「海のNASA」——の設立をあるグループが訴えていた。環境保護主義の高まりに後押しされながら、科学者たちは米国政府に働きかけて、海に関する国の研究プログラムをまとめるだけでなくそれを大気の研究と統合させるようにと促した。その結果として生まれた新たな組織が米国海洋大気庁（NOAA）で、地球を包むすべての流体を扱うことになった。設立当初から、NOAAは気候の基礎研究にとって世界の主要な資金源の一つだった。しかし、この機関の研究プログラムは新たな予算を追加することなくプログラムを再調整してつくられた。そして、もしNOAAにおもな焦点があるとすれば、それは漁場など経済的に重要な海洋資源の開発だった。大気の科学はあいまいな状況にはまり込んだままだった。気候科学者は自分たちのための組織と専用の資金源を求めつづけた。

市民（この場合は科学者だが）のグループが、政府はある特定の問題に取り組むためにさらに多くのことをすべきだと判断したとき、そのグループは困難な課題に直面する。市民がさくことのできる努力の量は限られていて、官僚はお役所的なやり方で凝り固まっているからだ。何かを達成する——たとえば、政府の新たな計画をもたらす——ためには、人々は協調したはたらきかけを展開しなければならない。関心のある市民は数年間にわたって問題に取り組み、大衆に広く伝えるとともに、同じ意見をもつ官僚との協力関係をつくり出さなければならない。この官僚機構内部の協力者は、委員会をつくり、報告書の草稿を書き、政府と議会に妨げられることなく法律が制定されるよう取りはからわなければならない。変化に脅かされると感じる特別利益団体からの妨害があるだろうし、プロセス全体が疲弊して失敗に終わりやすい。一般的には、そのような努力が実を結ぶのは特別な機会を利用することができたときだけだ。たいていそれは、ニュースが一般大衆の不安を大いにかき立てて、それゆえに政治家の注意を引いた場合である。

一九七〇年代初め、そういった協調したはたらきかけを展開するための機会を、少数の気候科学者が求めていた。彼らを駆り立てたのは、気候変化はほんの一〇年前に考えられていたよりもはるかに急激に起こるかもしれないと確信させる新たな計算やデータだった。一九七〇年代初めに勃発した干ばつなどの環境問題に関してマスメディアが騒いだことで、気候科学者は行動を起こす機会を得た。

大半の人々は伝統的な手段をとった。研究グループを招集し、政策立案者のための報告書を作成したのだ。たとえば、米国科学アカデミーは気候変動に関する委員会を設立した。一九七四年、同委員会は報告書を提出し、その中で気候シフトの危険を警告して、全国的な気候調査計画の実施を勧めた。政府は、この分野の組織と資金を改善するための法律の草案を書きはじめた。一九七六年、そのころ起こったばかりの干ばつを十分に念頭に置いて、議会のある委員会が聴聞会を始めた。これは気候変化をおもな問題として扱った史上初の聴聞会で、その後、CO_2の増加が惨事をもたらしかねないと証言する科学者が次々と登場することになる。一方、政府機関の職員は計画を何度も書き直し、どの研究予算を誰が管理すべきかについて粘り強く協議した。科学者たちは一九七七年に出された「エネルギーと気候」に関する科学アカデミーの報告書によって圧力をかけつづけ、「気候ショック」が差し迫っているかもしれないとふたたび警告した——ほんとうに、もっと研究費を増やすべきなのだ。

科学アカデミーの専門家たちは、さらに進んで国のエネルギー政策の実際の変更を促すような覚悟があるわけではけっしてなかった。彼らは、気候の予測はそのような動きの根拠とするにはあまりにも当てにならないということを知っていたのだ。具体的な助言を避けたとしても、一般的な真実は納得させた。つまり、気候変化の脅威はエネルギー生産と密接にかかわっているということだ。『ニューヨーク・タイムズ』紙（一九七七年七月一五日付）の一面の見出しにも次のように要約されていた。「石炭の大量使用は気候の悪化をもたらしうると科学者が危惧」。官僚は、CO_2放出が経済的な意味合いを——したがって政治的な意味合いももつという事実を理解しはじめていた。石油、石炭、電力業界から注目が集まりはじめた。

化石燃料政策はすでに厳しい詮索にさらされていた。一九七三年の「エネルギー危機」においては、ペルシャ湾岸諸国が石油の輸出を止めたことで何百万もの人々が不便と不安に悩まされた。ジミー・カーター大統領政権が国内エネルギーの石油から石炭への転換を提言したとき、政治が気候変化の科学的研究と重なりはじめた。エネルギー危機は、再生可能なエネルギー源の支持者を後押しした。その内訳は、政府の太陽エネルギー支持の官僚から、反政府勢力の環境保護主義者まで多岐にわたる。彼らは、自分の目的を主張するうえで温室効果が有効だということに気づいた。風力発電による電気の産出量が増えれば、CO_2の放出が減ることになる。しかし、エネルギー論争において気候変化は天秤に載せられた新たなおもりの一つにすぎず、人々が数多くの経済問題、政治問題、国際問題とくらべた場合、最も重いおもりになるとはとても言えなかった。

重要な地位にある人物では、CO_2放出の規制など、温室効果気体に直接対処するための重大な政策変更を提案する者は誰もいなかった。科学アカデミーの報告やその他の科学的見解では、科学界における意見の一致がないことを考えればそのような行動はどれも時期尚早であろうと助言されていた。気象学者のコミュニティーと官僚機構の中にいる友人たちの目標は変わらぬままだった。研究のためのより多くの資金と、よりよい組織だ。

先頭に立って奮闘したのは、科学アカデミーによって設立された気候研究委員会だった。委員会の常勤の議長となったロバート（ボブ）・M・ホワイトは、幅広く高い評価を受けている科学者兼行政官で、すでに気象局とNOAAの長官を歴任し、さまざまな国際会議――たとえば、捕鯨に関する会議もあれば砂漠化に関する会議もある――に加えて世界気象機関へのアメリカの公式代表を務めており、その他無数の肩書きの持ち主だった。ボブ・ホワイトは、ここで名前を挙げられていないがその貢献が行政と組織の中で不可欠だった大勢の人々の最も際立った例として、注目に値する。

ついに一九七八年、議会は国家気候法の法案を可決して、NOAAの内部に国家気候プログラム本部を設置した。一歩前進だが、新設されたプログラム本部には弱い権限と数百万ドルの予算しかなかった。科学者たちが要求していたような十分に調整された研究プログラムも得られなかった。何らかの統一されたコミュニティーまたは組織の支持がないために、彼らの活動は、改善しようと努めていた細分化そのものによって妨げられていた。現在の研究官僚の権威を強奪するかもしれない組織再編成には、ほとんど可能性がなかった。そのうえ、立法者たる議員たちは、次の世紀のことよりも次の選挙までの数年間のほうをはるかに気にかけていた。

唯一の完全な成功は、エネルギー危機への対応として新設された省庁であるエネルギー省に存在した。精力的な官僚がCO_2研究の一部を押さえて、大幅な予算増を勝ち取ったのだ。とはいえ、その後も政府が環境問題への支援を自慢したいときによく繰り返されるパターンなのだが、正式な予算の増額分の一部は新しい資金ではなく、すでにほかのプログラムを通じて利用可能となっていた資金が移動してきただけだった。

国家気候法の成立とともに、立法機関の対応を求めるささやかな騒ぎは終わった。気候変化を研究するプログラムは最初から資金不足で、一九七〇年代にエネルギー省が勝ち取った大幅な増額も、議会が収支のバランスを取ろうとしたため、一九八〇年にぱたりとやんだ。利用可能だった新たな資金も、実際の研究よりも事務手続きや会議に費やされているように見えた。

どの国々の気候科学者も、それぞれの国の政策立案者に近づくのに苦労していた。比較的下位の官僚に接触して問題の存在を納得させても、こういった官僚自身が政府上層部にはわずかな影響力しかもっていない。科学者は、国際的な科学者のコミュニティーに目を向けたときによりよい機会があることに気づいた。複数の国々からなるグループによる努力が——合わせた資金だけでなく、一流の科学者たちの総意が——あれば、国内の政治家に行動をとるよう説得できるかもしれない。それに、必要とされている組織化も、国際化によっていくらか実現するかもしれない。気候変化に関心をもつ科学者と科学官僚は、外国の仲間との協力のなかに絶好の機会を見いだしたのだ。なんといっても、気象ほど世界的な事柄については、国境を越えた情報交換や意見交換がなければ成功することなど誰にもできない。

世界気象機関（WMO）および一九五七―一九五八年の国際地球観測年（IGY）はよいスタートを切ったが、大気を理解するために必要な地球規模のデータがあまりにも不足していた。たとえば、IGYの最盛期ですら、地球の外周の七分の一に及ぶ南太平洋の海域の上層の風を報告する観測点はわずか一カ所しかなかった。データの不足は、大気科学者にとって克服できない問題をもたらしていた。官僚および科学者はこの問題に米国大統領ジョン・F・ケネディの目を向けさせることに成功し、ケネディはこれを大胆な主導でみずからの政権の威信を高める機会としてとらえた。一九六三年の国連総会で演説をしたケネディは、より正確な気象予測とひいては気象制御を目的とした国際的な取り組みへの協力を求めた。この提案はWMOによって意欲的に取り上げられた。一九六三年、WMOは世界気象監視を開始した。これは、気象観測機器を読み取ったり、観測用気球を飛ばしたり、衛星写真を分析したりといった作業をおこなっている何千人もの専門家を協調させるもので、WMOの核となる活動として今日まで続けられている。冷戦その他の国際紛争にも妨げられることなく、世界中の気象予報官のために役立ってきた。

WMOは各国政府の気象機関の連合体で、参加している官僚はアカデミックな科学者とはゆるいつながりしかなかった。科学者は昔から国際測地学・地球物理学連合など専門学会の組織をつくっており、国際学術連合会議（ICSU）の傘下でゆるやかに協力していた。気象研究の組織化に取り残されまいと決意したICSUは、WMOと交渉した。一九六七年、この二つの組織は共同で地球大気研究プログラム（GARP）を設立した。おもな目的は短期の気象予報の改良だったが、気候研究も含まれていた。GARPの科学委員会に所属する一流の専門家たちが共同研究計画を立てると、各国の予算機関としても、自国の科学者が参加するのに必要な資金の要求を拒むことは困難となった。

GARP設立直後のこの重大な時期に組織委員長を務めていたのは、スウェーデンの気候学者バート・ボリンだった。気象計算から地球規模の炭素サイクルまで多岐にわたるテーマの経験豊富な専門家だが、チームリーダーおよび外交家としての力量でさらに高く評価されていたボリンは、その後三〇年間にわたって気候研究の国際的な組織化への取り組みの中で大黒柱となる。

気候科学者が顔を合わせる国際的な学会の数はしだいに増えていき、こぢんまりとしたワークショップから大規模な国際会議までさまざまな集まりが開かれた。一九七一年にストックホルムで開催された「人間が気候に及ぼす影響の研究」の会合は、未来の気候ショックの危険に関する厳しい警告で新たな境地を切り開いた（第四章）。この会議の報告書は、翌年に開かれた国連の最初の大規模な環境会議〔国連人間環境会議〕の各国代表にとって必読書となった。科学者の勧告に気を留めたことで、この会議によって気候研究を含む環境に関する共同研究の精力的なプログラムが開始された。一方、GARP委員会は、多種多様の政府機関および学術機関を協力させて一連の大規模な「実験」を計画した。その顕著な例は一九七四年に実施されたプロジェクト、GARP大西洋熱帯実験（略してGATE——略語の中に略語が含まれている！）だった。その年の夏、二〇カ国から四〇隻の調査船と一ダースの航空機が協力して熱帯大西洋の広い範囲にわたって観測をおこない、大気中に入り込む熱と水分の流れを調査したのだ。

それは、研究の中でも簡単な部分だった。海と大気がどれだけ複雑であろうと、その調査は明確に定義された手順に従ったものだ。だが、国際的な視点から気候システムを見る科学者の数が増えれば増えるほど、付加的な構成要素の存在が目に留まるようになる。しかもそれらは、さらに複雑でほとんど研究されていない。アフリカの森林やシベリアのツンドラなど、生きている生態系が何らかのかたちで気候システムに不可欠な一部分となっているという証拠が発見されはじめていた。どのように調和しているのだろう？

地球のバイオマス〔物質としての生物体〕と大気の関係については、ほとんど何も知られていなかった。この問題を調べた少数の人々は、木や泥炭や土壌やその他陸上生物の生産物に含まれた炭素の量にくらべれば大気中の炭素の量はごくわずかにすぎないということを確認した。これらの生態系とその中に存在する有機物としての炭素の蓄積は、何百万年もの間にわたってかなり安定した状態だったらしい。安定性の原因として考えうるのは、温室や野外での実験によって実証されたある事実だった。つまり、CO_2の追加によって「肥料を与えられた」状態の空気の中だと植物はよく生い茂ることが多いという事実だ。したがって、CO_2がさらに多く大気に加えられたら、それはすばやく植物に取り込まれて、木や土壌としてつくり変えられるはずだ。これは、不滅の「自然のつりあい」の一部として大気は自動的に安定させられているという主張のもう一つの説明となった。

大多数の地質学の専門家は、生命のない惑星の上ですら大気は安定したつりあいを保ったままだろうと考えていた。化学物質循環のサイクルは大昔に空気と岩と海水の間のある種の平衡状態に落ち着いているはずだと考えることは、理にかなっているように思われた。何キロメートルもの厚さの巨大な鉱物の塊とくらべれば、薄皮のような存在でしかない細菌などについて考えることが必要だとはとうてい思えない。したがって、たとえば一九六六年の科学アカデミーの気候変化に関するある研究は、都市と工業に集中していた。そのパネルは、灌漑や森林破壊といった田舎に起きる変化は「きわめて小さく局地的なもの」だと述べ、研究せずあとまわしにした。[11]

化学殺虫剤や塵など人間の生産物が地球規模の害を及ぼしうるという証拠が増えるにつれて、生物システムの自動的な安定性に対する昔ながらの信頼はゆらいだ。一九七〇年代初めのアフリカの干ばつにより、不安は倍増した。サハラ砂漠の南への拡大は自然の気候サイクルの一部で、間もなく元に戻るのだろうか？ それとも、より不吉な何かが作用しているのか？ 一世紀前から、アフリカの旅行者と地理学者は、家畜の過放牧が大きな変化を土地にもたらして「人間の愚行」による「人工の砂漠」を生み出すのではないかと心配していた。[12] 一九七五年、ベテランの気候科学者ジュール・チャーニーはあるメカニズムを提案した。彼は衛星写真に過放牧によるアフリカの広範囲にわたる植生破壊が示されていることに触れながら、不毛の土は草よりも太陽光を反射すると指摘した。このアルベドの増加は地表面を冷たくするはずで、そのために風のパターンが変わって雨が少なくなるかもしれない、と彼は考えた。そうなればさらに植物が枯れていき、自動継続のフィードバックが進んで完全な砂漠化に至るだろう。

チャーニーは頭の中だけで考えていた。当時の計算機モデルはあまりにも未熟で、アルベドの局地的な変化が実際に風にどのような影響を与えるのか示すことができなかったからだ。植生がほんとうに地域の気候の重要な要因だとモデルが実証するのは数年後のことになる。だが、チャーニーのおもな教えの真理を科学者が把握するのに詳細な証拠は必要なかった。人間の活動は、気候に影響を与えるほど植生を変化させることが可能なのだ。生物圏は必ずしも大気を円滑に制御しているわけではなく、それ自体が不安定さの原因となりうるのだ。

その間に一般大衆は、焼き畑式の農業が熱帯林全体を侵食しつつあることと、北米のかつての大森林はわずかに残った一部分も減りつつあるということを学んでいた。これらの損失に対する懸念は増していたが、それは気候のためというよりも野生生物のためだった。一方で少数の科学者は、これらの森林が地球規模の炭素と水の循環において重要な役割を果たしていることを指摘した。水分を蒸散している森林は、その上の空気に対する影響という意味では海よりも湿っていると言える。だが、森林破壊はいったいどのような変化をもたらすのか？　その答えは、気象学と生物学という非常に異なる分野の間に広がる未知の中間地帯にあった。

確信をもって測定できることはわずかしかなかった。政府がまとめた化石燃料の使用に関する統計は、どれだけのCO_2が工業生産によって大気中に入り込んでいるかを示していた。そして、キーリングの測定値は、何十年も根気強く続けられて、どれだけのCO_2が空気中にとどまり、グラフの曲線を年々上昇させているかを示していた。この二つの数値は異なっていた。化石燃料の燃焼により発生したCO_2の半分以上が消えている。消えた炭素はどこに行くのだろう？

考えられる容疑者は二名のみだった。炭素は結局、海かバイオマスのどちらかに取り込まれているはずだ。一九七〇年代初め、ウォーリー・ブロッカーらは海洋中の炭素の動きのモデルを生物によるプロセスを含めて開発した。その計算によると、新しいCO_2の多くを海が取り込んでいるが、全部ではなかった。残りは何らかの方法によって生物圏の中に取り込まれているに違いない。もしかしたら、木やその他の植物はCO_2の肥料効果のおかげでよりみずみずしく茂っているのではないか(13)？

それを確かめるのは困難だった。植物学者――この種の専門家は気候科学者とはほとんど交流がなかった――は肥料効果に関する充実した研究をわずかしか発表していなかった。そしてキーリングが一九七三年に認めたように、過去の状況に関する優れたデータがあっても、現在または未来の肥料効果に関する計算はどれも当てにならないだろう。植物に肥料を多く与えると成長が促進されるがそれはある一定のレベルまでだということは、園芸愛好家なら誰でも知っている。世界のさまざまな種類の植物にCO_2を多く与えた場合にそのレベルがどれくらいなのかは、誰も知らなかった。「したがってわれわれは事実上、バイオマスの増加率を未知数として考えざるをえない」とキーリングは警告している(14)。ある概算では、陸上植物はまったくCO_2を吸い込んでいないかもしれないという結果が出た。土壌中の有機物の分解は森林破壊などの人間の作業によって増大するので、陸上生態系は最終的にはCO_2の主要発生源という可能性もある。

一九七六年にドイツのダーレムで開催されたワークショップで、こういった不確かさがあまりにもあきらかになった。ボリンは、森林と土壌に人間が与える害によって最終的には非常に大量のCO_2が放出されていると主張した。大気中の濃度はそこまで速くは上昇していないのだから、海はブロッカーなどの地球化学者が計算したよりもはるかに効率的にCO_2を取り込んでいるに違いない。生態系を研究している植物学者ジョージ・ウッドウェルは、独自の計算にもとづいてさらに踏み込んだ。彼は、森林破壊と農業は化石燃料の燃焼による放出量の合計と同じくらい多くのCO_2を空気中に吐き出していると主張した。あるいは、その二倍の量にもなるかもしれない。彼のメッセージは、自然生べきだというものだった。

態系を維持するためだけでなく気候を維持するためにも、森林に対するわれわれの攻撃は終わらせる

　ブロッカーと彼の仲間は、ウッドウェルは乏しいデータをもとにばかげた推論を立てていると思った。海洋学者と地球化学者は自分たちの計算の正当性を主張して、海がそれほど大量の炭素を取り込むことなどとうてい無理だと言い張った。科学者たちはダーレムの会議で精力的に意見を述べあった。この議論は社会問題にも飛び火して、森林破壊と砂漠化によって提起された環境保護主義と政府介入の問題すべてが取り上げられた。CO_2の発生源に関する人々の意見は、政府がどのような行動をとるべきか（もしとるべき行動があれば）という意見と結びつきつつあった。ウッドウェルは、熱帯の森林破壊やその他の生物圏に対する攻撃は「現在の世界秩序にとって大きな脅威」であると主張した。[15]彼は、余分な炭素を吸収させるための積極的な再植林だけでなく、森林の焼却の中止も公の場で要求した。

　このような議論はもう、科学者たちと彼らが相手にしている中位の政府官僚の間だけのものではなくなっていた。森林を守ることは、大きくなりつつある環境保護運動（ウッドウェルはその組織者として重要な役割を演じた）において人気の高い意見となっていた。林業および化石燃料産業の業界はこれに注目して、温室効果気体に関する不安が政府の規制につながるかもしれないと気づいていた。彼らに協力したのは政治的な保守主義者だった。生態学的危機が迫っているという主張を、すべて左翼のプロパガンダとして一まとめに考える傾向のある人々だ。

　環境保護主義者の理想が最初にわき上がったのはセオドア・ルーズヴェルト大統領の時代だったが、

その当時はあらゆる政治的立場の人々の間に散らばっていた。伝統的な保守派の一人、たとえば共和党員のバードウォッチャーは、民主党員の製鋼工よりも「自然保護」にはるかに関心をもっていたのではないか（その後、伝統的な左派の最先端にいる共産主義国家が、地球上で最も悪名高い環境汚染者となっている）。だが一九六〇年代に入り、新左翼が目立つようになるにつれて、つねに環境保護主義と結びつけられるようになった。それは避けられないことだったのかもしれない。スモッグなど多くの環境問題は、政府の介入なしには解決することが不可能なように思われた。そういった介入は、一九七〇年代に台頭しはじめた新右翼にとっては憎悪の対象だった。

一九七〇年代半ばまでには、経済的保守主義とイデオロギー的保守主義の二つの勢力が、彼らが愚かな環境過激主義とみなす勢力と戦うために力を合わせていた。保守主義のシンクタンクと報道発信源を設立して、いかなる目的による政府の規制にも対抗するため、手の込んだ知的な主張と専門家による広報活動を広めた。地球温暖化については、活動を主導したのは当然のことながら化石燃料業界だった。一部の科学者のバックアップを受けて、業界団体は複雑な研究から迫力ある広告まで多岐にわたる主張を展開し、心配すべきことは何もないと一般大衆を説得しようとした。

環境保護団体と企業団体がますます広がる政治的隔たりをはさんで断固たる主張をぶつけ合う一方で、大多数の科学者はよりあいまいな見解を聞いてもらうことに苦労していた。人の心をつかむ話を探すジャーナリストは、あらゆる科学的問題をそれが対等で正反対な二つの勢力の真っ向からの戦いであるかのように見せる傾向があった。それでも、大部分の科学者は自分たちのことを、さまざまな度合いの不安を抱きながら霧の中を手探りしている一群にすぎないとみなしていた。

森林破壊によって放出される炭素に関する論争に直面した研究者は、この問題を科学的に解明しようとした。会議の席や出版物の中で、専門家たちはときには激しく、それでもつねに礼儀を保って論争した。科学的な議論のなかでときどき起こることなのだが、意見は専門分科の境界線に沿って分裂する傾向にあった。海洋学者と地球化学者の連合軍に対する生物学者という図式だ。ブロッカーなどの物理科学者は、自分たちの海洋モデルは海水がどのように放射性物質を取り込むかのデータによって信頼性の高い調整が可能だと指摘した（核実験からの降下物のデータが特に役立った）。ウッドウェルの生物学はそれよりもあきらかに足許が危うい。彼の意見に反対する人々は、アマゾン川やシベリアの植物に何が起こっているのかほんとうは誰も知らないと主張した。ウッドウェルがあちこちの木の群落で実施した野外調査を引き合いに出すと、反対者たちはよりあいまいな調査を持ち出すか、それぞれわずか数ヘクタールに関する調査から世界中の森林すべてについて推論することなどとうていできないと言うだけだった。

鍵となるデータは、放射性炭素の測定値からついに現れた（新しくつくられた同位体は大気と植物の間を循環するが、化石燃料から放出された炭素はずっと前に放射能を失っているという事実を利用したものだ）。海洋モデルが大まかに正確だということが判明した。分解しつつある植物や燃やされた植物から放出されるCO$_2$は、ほかの植物に取り込まれる量とほとんど釣り合っていた。もしかしたら森林破壊は、大気中のCO$_2$増加による肥料効果で成長が活発化することで相殺されているのかもしれない。ウッドウェルはこれに異を唱えたが、ほかの科学者たちは彼の主張は大げさだという結論に徐々に落ち着いていった。結局ウッドウェルは、森林破壊による大気中のCO$_2$の増加は自分が考えていたほど多くないと認めるしかなかった。たくさんのことがあきらかにされないまま残り、いったいどのようにして地球規模の炭素収支のつりあいをとればいいのか、誰もわからなかった。

重要な教訓が一つ残された。ブロッカー率いる研究チームが一九七九年に書いたように、植物の破壊が莫大な量のCO_2を解放しているというウッドウェルの主張は「地球規模の炭素収支の問題に従事しているわれわれにとっては衝撃」だった。この主張がきっかけで実施された熱心な再検討が、「生物圏の潜在能力」に対する注目を呼び起こしたのだ。[16] 一九七〇年代末期からは、地球規模の気候の未来を高い精度で予測できるのは地球の生物システムがCO_2濃度にどのような影響を及ぼしているかを述べられるようになってからだということがあきらかになった。もちろん、それに答えるためには、もし大気が変化したら生物圏そのものがどのように変化するかも知らなければならないだろう。そしてそれに答えるためには、海洋や氷床などの変化に大気がどのように反応するかも知らなければならない。

科学のすばらしい点は、すべてを一度に理解する必要はないということだ。科学者は、たとえばビジネスや政治に関する決断を下さなければならない人々とは違う。科学者はあるシステムを、理解できる見込みがあるような単純なものに分割することができる。とはいえそれは、その仕事に一生を捧げた場合の話だが。大勢の人々がそのような研究方法をとってきたわけで、真鍋淑郎（しゅくろう）もその一人だ。「スーキ」という愛称で呼ばれる真鍋は、第二次世界大戦直後の困難な時代に東京大学を卒業して気象学にキャリアを求めた青年たちの一人だった。野心があり独立心旺盛な彼らは、日本国内で世に出る機会がほとんどないまま、結局はアメリカに渡って業績をあげることになった。一九五八年、真鍋はジョン・フォン・ノイマンが設立した計算機モデリンググループへの参加を要請された。このグループは一九五五年に現実的に見える局地的気象をモデルでつくり出す（第三章）という画期的成果をあげ、その後フォン・ノイマンは野心的な目標をもつプロジェクトのために政府の資金を獲得していた。彼のチームは、流体力学とエネルギーに関する基本的な物理学方程式から直接に気候を導く、全地球の三次元の大気の大循環モデルを組み立てようとしていた。この取り組みは、一九四八年にワシントンDCの米国気象局でジョゼフ・スマゴリンスキーの指揮のもとで開始されていた。

スマゴリンスキーの最高の名案は、真鍋を採用し、提案された気候モデルの開発に協力してもらうことだった。風、雨、雪、太陽光から始めて、彼らは水蒸気とCO_2の温室効果を加えた。海や陸や氷の表面と空気の間で水分と熱がどのように交換されるかということと、その他いろいろなものを付け加えたのだ。真鍋は図書館に何時間もこもって、さまざまな種類の土壌がどのように水を吸収するかなどといった、その分野の専門家以外には知られていないテーマを調査した。方程式にも注意が必要だった。方程式の組は、計算の効率がよいものでなければならず、とんでもなく非現実的な数値に外れがちではいけない。

一九六五年までに真鍋とスマゴリンスキーは、大気を九つのレベルに分けて基本的な方程式を解く三次元モデルを完成させていた。非常に単純化されていて、地形はまったくなかった――何もかもが緯度帯ごとに平均され、陸と海の表面は混ぜ合わさって沼地のようになり、空気との間で水分を交換するが、熱を取り込むことはできない。それにもかかわらず、モデルが水蒸気を地球全体に動かす様子は、愉快なほど現実的に見えた。プリントアウトには、成層圏、赤道付近の空気が上昇する地帯

（これが帆船を進めなくするドルドラム（無風帯）をつくる）、亜熱帯の砂漠帯などが示されていた。しかし、詳細の多くは間違っていた。

このようなモデリングが有益な結果をもたらすことがあきらかになるにつれ、さらに多くのグループが取り組みに加わった。博士号取得後の研究生は新しい研究所に就職し、前に所属していたグループの計算機プログラムを持ってきて、それを修正して改善するために新しいチームを結成したかもしれない。それ以外の人々は、ゼロからモデルを構築した。彼らの進捗にとって重要なのは、電子計算機の急速な進歩だった。一九五〇年代半ばから一九七〇年代半ばまでの間で、モデル作成者が使える計算機能力は数千倍にも増えた。一九六〇年代と一九七〇年代を通じて、重要な大循環モデル（GCM）の開発グループがニューヨークからオーストラリアにいたるまでさまざまな研究所に現れた。

特に影響力をもっていたのはカリフォルニア大学ロサンゼルス校のグループで、そこではイェール・ミンツがもう一人の東京大学卒業生、荒川昭夫を、数学的な仕事を担当する助手として採用していた。一九六五年、ミンツと荒川は、スマゴリンスキーと真鍋のモデルのように、現実世界にいくらか似た特徴をもつモデルをつくり出した。もう一つの重要な取り組みが、一九六四年にコロラド州ボールダーの国立大気研究センター（NCAR）で開始された。そのリーダーを務めたのはウォーレン・ワシントンと、さらにもう一人の東大卒業生、笠原彰だった。国立科学財団から資金を供給され、複数の大学からなるコンソーシアム（共同体）によって運営されたNCARは、気候モデリングのための世界有数のセンターとなった。だが、先頭を走っていたのは真鍋のモデルで、気象局のスマゴリンスキーの研究室（のちに地球流体力学研究所と改称されてプリンストン大学に移った）のものだった。

モデリングは大規模な合同活動となったものの、複雑に入り組んだ問題に分け入ることはまだできずにいた。当時最高の計算機では、高価な実行時間を何週間も使い尽くしても、全地球の気候の典型的な一年の非常におおまかなシミュレーションしか計算できなかった。研究者たちは、まともな仕事をするには計算機能力がその一〇〇倍は必要だと思った。それにはまだ二〇年ほどかかる。とはいえ、たとえ計算機が一〇〇万倍速かったとしても、シミュレーションはやはり当てにならなかっただろう。モデル作成者はあの有名な「ゴミを入れたらゴミが出る」という計算機の限界にまだ直面していたからだ。

計算はたとえば、特定の条件のもとでどのような種類の雲が増加するかといったことによって決定的に左右された。現在の最高速の計算機ですら、地球上のあらゆる雲を詳しく計算できるとはとても言えない。何百キロメートルもの幅で分割した格子のそれぞれのマス目に含まれる雲の平均的なふるまいを計算することで我慢するしかないのだ。モデル作成者は、「パラメタリゼーション」を開発しなければならなかった。つまり、与えられた条件のもとで一つのマス目の中にあるすべての雲がもたらす正味の効果を表す数値（パラメータ）の組を用意するのだ。これらの数値を得るためにモデル作成者が利用できるのは、いくつかの基本的な方程式、信頼性の低いばらばらのデータ、そしてたくさんの当て推量だけだった。

もしその障害物がなんとか消えたとしても、別の障害物が残っていた。より現実的なモデルの完成を阻む欠点の原因を突き止めるために、科学者には有り余るほど大量のデータ――地球全体の大気の全部の層での風、熱、水分などの分布――が必要だった。一九六〇年代を通じて、手元にあるデータは恥ずかしいほど乏しかった。スマゴリンスキーは一九六九年にこの問題を簡潔に表現した。「われわれはいま、シミュレーション結果のばらつきが、現実の大気の構造に関する不確かさに匹敵するようなレベルまで到達しつつある」[17]

救いの手は、短期の天気予報を改善するための動きから差し伸べられた。一九七〇年ごろまでには、計算機モデルが三日先までの天気を予報して、経験則にもとづく旧式の予報官よりも正しい結果を出しつつあった。これは農業経営者やその他の企業などの利益に直接つながることだったので、この仕事に豊富な資金が集まった。予報モデルには、世界中の何千もの地点での大気のすべての層の状態のデータが必要だ。このような情報が、国際的な世界気象監視の気球と観測ロケットによって提供されるようになった。さらにありがたい救いの手は、宇宙空間から差し伸べられた。

気象「偵察」のための衛星の使用は早くも一九五〇年の機密報告書ですでに提案されており、地球規模の気象をモニターする公共衛星の第一号は国防総省のプログラムのもとでつくられ、一九六〇年に打ち上げられた。その後数十年の間、スパイ衛星のために開発された精巧な極秘のテクノロジーを利用して、このプログラムのもとで機密気象衛星がつくられ、運用が続けられた。これらのテクノロジーは徐々に公開の民生用プログラムに移されていった。計算機モデルの作成者たちが、実際の大気に関するはるかに優れたデータなしでは進歩が望めない状態に至ったとき、一九六九年に打ち上げられたニンバス三号がその答えとなった。この衛星の赤外線検出器は、昼夜問わず、海、砂漠、ツンドラの上のさまざまなレベルの大気の温度を一緒に測定することができた。またもや科学は、軍と民間の実用的な目的のために使われた資金から利益を得ていたのだ。

研究は、既存の技術を着実かつ粘り強く改良していくかたちで進むようになった。モデル作成者はさらに多くの要因を取り込み、最も大きくあいている穴を埋め、そして急速に進歩しつつある計算機をいっそう効率的に使う方法を開発した。励みとなったのは一九七二年のミンツと荒川によるモデルで、太陽光が季節ごとに移行することにともなう大きな変化のおおまかなシミュレーションに成功していた。それから数年の間に真鍋と共同研究者たちが発表したモデルは、完全にもっともらしい季節変化を示していた。これはモデルの有効性に関する説得力ある検証となった。まるで、一つのモデルが二つのまったく異なる惑星のシミュレーションに成功したかのようだった——惑星「夏」と惑星「冬」だ。

ニューヨーク市にあるNASAのゴダード宇宙科学研究所は、異なるアプローチをとった。このグループは、惑星の大気を研究するミッションの実務的な応用として気象モデルを開発してきていた。ジェームズ(ジム)・ハンセンは、その方程式系を気候モデルとしてつくり直すためのチームをつくった。一部の特徴を単純化する一方でほかの特徴を詳しくすることにより、ライバルの大循環モデルよりも一桁速く動き、かなり現実的に見えるシミュレーションの実現に成功した。このモデルによって、要因を一つずつ変えて何が変化したかを見る多数の実験を実行することができるようになった。こういった研究の中では、全地球の気候は研究者にとって理解可能な物理的なシステムのように見え、そして感じられるようになりはじめていた。ちょうど、実験科学者がその実験台の上で操作するガラス器具や化学薬品のように。

複雑な計算機モデルは着実に、昔ながらの極端に単純化された、もっともらしさだけのモデルに取って代わりつつあった。デイジタルモデルでは、気候が地球の多くの力の間の相互作用とフィードバックの驚くほど複雑な複合の結果であることは、最初からあきらかだった。船乗りがドルドラムと呼ぶ亜熱帯の無風地帯のような大気の単純な特徴ですら、簡単な説明はつけられない。原則として大循環の形は、百万回の計算を通じて間接的に理解することができるだけだった。

研究が始まってから最初の一〇年程度は、モデル作成者たちは典型的な年の平均の天気を理解しようとするだけですこぶる苦労していた。だが、一九六〇年代半ばにはそのうちの少数が、気候の変化を引き起こすものは何かという疑問に関心をもちはじめていた。彼らはCO_2量の上昇を表すキーリングのグラフも見たし、少数の方程式をもとに組み立てた単純なモデルが気がかりな不安定性を示すというフリッツ・メラーの発見も知った。メラーが真鍋のもとを訪ねて彼の異様な結果について説明したとき、真鍋は気候システムが実際にどのように変化しうるのか調べることを決意した。

真鍋と共同研究者たちはすでに、ほかの多くのことに加えて、空気と水蒸気が熱を地表面から上の大気へと伝える仕組みを含んだモデルを作成しつつあった。それは、アレニウス以降のメラーその他のように地表面のエネルギー収支だけを考慮して地表面温度を計算しようとする試みを越える、大きな一歩だった。ほんとうに筋の通った答えを得るためには、大気を上から下まで密接に相互作用しているシステムとして研究しなければならない。そのようなモデルでは、地表面が暖まると、上昇気流が対流によって上の大気に熱を運ぶ——だから、地表面温度がメラーのモデルのように暴走することはない。しかし、必要とされる計算があまりにも大規模だったため、真鍋はモデルを一次元の一本の柱にまで単純化しなければならず、地球全体またはある緯度帯の大気の平均をそれで表した。

一九六七年、真鍋のグループはこのモデルを使い、大気中のCO_2濃度が変化したら何が起きるかを検証した。彼らの研究対象は、ついにはモデル作成者の中心的な関心事となっていく。それは「気候感度」、つまり一つの変数（たとえば太陽が出すエネルギーまたはCO_2濃度）の与えられた量の変化に対して全地球平均温度がどれだけ変わるかということだった。その変数（たとえばCO_2濃度）をある値にしてモデルを動かし、別の値でまた動かして、答えを比較するのだ。アレニウス以来、研究者はきわめて単純化された計算でこの問題を追求してきていた。真鍋のグループは比較の指標として、CO_2濃度が二倍になった場合の差を使った。なんといっても、キーリングの曲線には二一世紀の間におそらく二倍になると示されているのだから。真鍋のグループがCO_2の倍増に対して得た数値は、全地球平均温度のおよそ二度の上昇だった。このとき初めて、温室効果による温暖化の計算が、多くの専門家に理にかなっていると思われるために不可欠な要因を十分に含んで実行された。専門家の一人であるブロッカーがのちに振り返っているように、この一九六七年の論文が「これが憂慮すべき問題であることを確信させた」のだ。(18)

この一次元の気柱のモデルは、完全な三次元の大循環モデルとはかけ離れたものだった。この柱を基本的な構成要素として使い、真鍋と共同研究者リチャード・ウェザラルドは一九七〇年代初めにそのようなGCMを組み立てた。それはまだきわめて単純化されたものだった。現実の陸と海の地形の代わりに、半分が陸で半分が沼の惑星が描かれた。だが全体的に見て、この模擬惑星の気候システムは地球のものとかなりよく似ていた。特に、それぞれの緯度での惑星モデルからの太陽光の反射は、新しい気象衛星ニンバス三号で観測された地球についての実際の測定値とかなり一致していたのだ。

CO_2量の倍増に対して、計算機は平均およそ二・五度の温暖化を予測した。真鍋とウェザラルドはこの結果を一九七五年に発表したとき、あまり深刻に受け止められるべきではないと警告した。モデルはまだ現実の惑星とは似ても似つかぬものなのだ。気候変化のより正確な予測は、全体的な改良を待たなければならない。

とりわけ、雲という困った問題があった。地球が暖まるにつれて、雲量はおそらく変わるはずだが、どのように変わるのか？　それを解明するための信頼できる手段はなかった。そして、雲の変化は気候にとってどのような意味をもつのだろう？　科学者たちは、雲が（太陽光を反射することにより）ある地域を涼しくすることも、または（下からの熱放射を閉じ込めることにより）暖かくすることも、どちらもありうるという点は理解しはじめていた。どちらになるかは、雲の種類と、大気中のどのくらいの高さに浮かんでいるかによって決まった。さらに悪いことに、雲がどのようにできるかは、大気中に漂う塵や化学物質の粒子からなる煙霧の変化に強く影響されうるということがあきらかになりつつあった。このようなエーロゾルがさまざまな種類の雲の形成をどのように助けたり妨げたりするのかについては、ほとんど知られていなかった。

この不確かさは受け入れられないことだった。人々は現在の気候のおおまかな再現をはるかに上回るものを要求しはじめていたからだ。一九七〇年代初めの気象災害とエネルギー危機のせいで温室効果による温暖化が（専門的な問題に留意する人々にとって）政治的課題とされたあと、計算機モデルは地球温暖化の予測において正しいのかどうかという点が国民的議論となった。われわれは森林破壊を止めて、化石燃料に背を向けなければならないのか？　ニュース報道では著名な科学者の間の意見の相違が取り上げられた。特に、温暖化と寒冷化のどちらが起こりそうかという点についてだ。「気象学者はいまだに、全地球規模のモデリングが気候予測の実現の上で最も期待できると主張している」と一九七七年にある古参の科学者は述べている。「だが楽観論は、この問題はとてつもなく複雑だという冷静な認識に取って代わられた」(19)

最もやっかいな複雑さの一つが、著名な気象学者ウィリアム・W・ケロッグによって説明された。一九七五年に彼は、産業活動によるエーロゾルは、森林が伐採された場所で残骸が燃やされて発生するすすと同様に太陽光を強力に吸収し——なんといっても、スモッグも煙も黒っぽいのは見ればわかる——さらに熱を維持すると指摘した。したがって、人間の出すエーロゾルのおもな効果は局地的な温暖化だというのだ。ゆえに汚染による寒冷化を心配する必要はない、と。ブライソンと共同研究者たちは、煙と煙霧には強力な冷却効果があるという主張を続けた——なんといっても、太陽光が薄暗くなるのは見ればわかるではないか。議論はなかなか決着がつかなかった。煙霧が温暖化と寒冷化のどちらをもたらすのか、基本的な物理学の原理にもとづいてさまざまな状況下で計算できる者は、誰もいなかった。

それにもかかわらず、温暖化と寒冷化の間の選択において、科学者の意見は一方に落ち着きはじめていた。自然の成り行きでは、地球は徐々に氷期に陥りつつあるのかもしれない——だが、成り行きはすでに自然なものではない。ますます多くの科学者が、温室効果こそがおもに心配すべきことだと感じていた。一方向から攻撃を受けるだけでは確信が生まれるはずはないが、さまざまな種類の研究結果がすべて同じ方角を示していたのだ。

計算がうまくいかない場合、より遠回りの方法が答えを与えてくれるかもしれない。たとえば、スティーヴン・シュナイダーと共同研究者は、過去一〇〇〇年間の温度記録を火山の噴火と照合することで塵の影響を調査した。彼らの単純化されたモデルは、一九八〇年からまもなくしてCO_2による温暖化が地表面温度のパターンを支配すると予測した。ケロッグも指摘していたように、雨は大気下層のエーロゾルを数週間のうちに洗い流す。それに、多くの国々が大気汚染を低減するために精力的に努力している。だから、エーロゾルが地球を暖めようと冷やそうと、CO_2——この気体は大気中に何世紀もとどまる——の増加による温室効果が最後には優位に立つに違いない。

一九七七年には米国科学アカデミーがこの議論に加わり、専門家のパネルによる大掛かりな検討を実施した。パネルの総意は、長期にわたる寒冷化は起こりそうにないというものだった。逆に、今後一、二世紀の間に温度がほとんど破局的なレベルまで上昇するかもしれないという。パネルの報告は、一九三〇年代のダスト・ボウルのとき以来で最も暑い七月におこなわれた記者会見で発表され、マスコミで広く報じられた。科学ジャーナリストは、このころにはすでに気候科学者の見解と密接に同調していて、意見の変化をすばやく反映した。一九七六年に『ビジネス・ウィーク』誌が議論の双方について説明したときは、「最有力の学派は世界は涼しくなりつつあると主張している」と書かれていた。それからわずか一年後、同誌はCO_2が「世界最大の環境問題として、世界の温度を上昇させる恐れがあり」長期的にすさまじい影響をもたらすかもしれないと述べている。(20)

さらに権威ある解答を得るため、大統領の科学顧問は米国科学アカデミーにGCMが信頼できるかどうかを検討するよう依頼した。同アカデミーはパネルを任命し、チャーニーが議長を務めて、その他の一流の専門家で最近の気候に関する議論から距離を置いていた人々がメンバーとなった。パネルの結論は明確だった。おもな争点ということで言えば、モデルは真実を語っている。この結論をさらに具体的なものとするために、パネルは数値の範囲を特定して発表することに決めた。CO_2倍増に対してハンセンのGCMが予測した四度の上昇と、真鍋が最近出した約二度という数字の間の差を分割して、チャーニーのパネルは次の世紀に地球が約三度プラスマイナス五〇パーセント、つまり一・五度から四・五度くらい暖かくなるというかなりの確信があると断言した。そして、温暖化を縮小しうるような「物理的効果で見過ごされるか過小評価されているものはないかどうか探してみたが、何も見つかっていない」と冷淡に締めくくった。「暗い未来の予言に誤りはなし」というのが、『サイエンス』誌によるこの報告の要約だった。(21)

気候専門家の多くは、それほど確信できずにいた。計算機モデルが示すのは、われらが地球とはほとんど似ていないおもちゃの惑星だ。平らな幾何学的な構造物で、山もそれ以外の現実の地形もなく、海の代わりのよどんだ沼地と、当て推量ででっち上げられた雲があるだけだ。モデルの中で省かれている多数の構成要素の中に重大なものはないと証明する手立てはない。次の氷期に向かう長期的傾向は人間の介入がないかぎりは依然としてもっともらしく思われ、人間の介入はあらゆる種類の予期せぬ影響をもたらすかもしれない。ジャーナリストはこのような問題について説得力のある明確な発言をしてくれる専門家をつかまえることができたが、大多数の科学者は確信をもたない状態でキャリアを全うするつもりだった。研究結果が蓄積されるにつれ、互いに裏づけあったり否定しあったりする様子を見守っていくのだ。気候変化ほど複雑なテーマに関しては、一つの研究成果によって科学者たちの意見が根本的に変えられることはありえなかった。ある年に一人の専門家が六〇パーセントの確率で温暖化が起こると思っているとして、その数年後には五〇パーセントに下がっているかもしれないし、七〇パーセントに上がっているかもしれない。

一九七九年にジュネーヴで開催された世界気候会議では、重要な気候専門家ほぼ全員の意見が互いにぶつかりあった。会議の主催者は、気候科学の現状を調べる一連のレビュー論文の作成を十分前もって依頼し、それらの論文は参加者の間で読まれ、論じられ、修正された。そのあと、五〇カ国以上の三〇〇名を超える専門家が、レビュー論文を検討し、結論を提示するために会議に集まった。気候にどんなことが起こりうるのかに関する専門家の見解は広範囲にわたったが、それでもどうにか意見の一致に至った。会議の結びの声明の中で、会議に出席した科学者は、CO_2の増加が「地球規模の気候の重大な変化、ことによると長期的に主要な変化をもたらすかもしれない」という「明白な可能性」があることを認めた。来るべき「可能性」に関するこの慎重な示唆はとてもニュースとは言えず、世間でも政界でもほとんど注目を集めなかった。

一九八〇年代になると、地球温暖化の可能性は世論調査の中に初めて加えられるほど顕著なものとなっていた。一九八一年の調査によると、アメリカ人の成人の三分の一以上が温室効果について読んだり聞いたりしたことがあると主張していた。つまり、このニュースは定期的に科学問題を追っている少数派以外の人々にも広まっていたということだ。世論調査員がはっきりと「気象パターンの変化をもたらす大気中の二酸化炭素の増加」についてどう思うかと質問したところ、三分の二近くがこの問題は「多少深刻だ」または「非常に深刻だ」と答えている。(22)

これらの市民の大多数は、この話題を自分から持ち出すことはなかっただろう。気候変化の危険はおもに化石燃料に由来する二酸化炭素のせいだということを理解していたのは、ごく少数のみだった。彼らはスモッグやその他の化学汚染、核実験、あるいは宇宙船の打ち上げですら非難した。そして環境を最も心配している人々が地球規模の問題に関心をもっていることはめったになく、彼らの不安は特定の地域を危険にさらす石油流出や化学廃棄物に向けられていた。いまや大勢の人々が地球温暖化は心配すべき何かなのではないかと思っていたが、世界中の多数の問題の中で重大なものには見えなかった。

第六章　気まぐれな獣

エド・ローレンツは、気候はほとんど前兆もなくどの方向へも動くかもしれないと考えていた。気象学の研究のおかげで彼は近ごろ流行のカオス理論の基礎を築くことができ、初期値のごく小さな違いがいかにして複雑なシステムをあちらへ、あるいはこちらへと傾かせるかの研究を主導しつづけていた。一九七九年のある会議で彼は有名な質問を口にした。「ブラジルの蝶の羽ばたきはテキサスの竜巻を引き起こすだろうか?」[1] 彼の解答——そういうこともあるかもしれない——は、教養ある人々の間の共通理解の一つとなった。

気候変化はかつて、直接的な影響に反応した漸進的変化というまったく単純な概念と見なされていた。その影響の正体は、好みの理論によって太陽光の変化か、火山による煙霧の変化か、CO_2濃度の変化かという違いはあるだろうが。十年また十年と、科学者は複雑な状況を発見してきた。工業による汚染、氷床のサージ、森林破壊に関する不確かな可能性だけでもひどいのに、一九七〇年代末期から一九八〇年代にはさらに多くの要因が現れた。気候は単純な機械仕掛けのシステムというよりも、一ダースの異なる力によって異なる方向につつかれて混乱している獣のように見えはじめてきた。

ローレンツは、結果は原則として予測不可能かもしれないと言った。彼とほかの人々は、過去一世紀における温暖化と寒冷化の傾向は特にエーロゾルや温室効果やその他の何かに対する反応の証拠ではないかもしれないと主張した。獣が、さまざまな外圧に対する計り知れないほど複雑な内部の反応に従って、不規則にあちらこちらに突進しているだけなのかもしれない。

大多数の科学者は、気候がカオス的システムの特徴をもっているという点には同意するものの、完全にランダムなものだとは思っていなかった。竜巻がある特定の日にテキサス州のある特定の町を襲うと予測することは、原則としておそらく不可能だろう（もちろん一匹の罪深い蝶のせいではなく、初期の無数のごく小さな影響の正味の結果だ）。それでも、竜巻の季節は予定どおりにやってくる。このような種類の一貫性は、一九八〇年代に構築された計算機シミュレーションで現れた。GCMを異なる初期条件から始めて多数回実行してみると、それぞれの地域、それぞれの季節について計算される気象パターンにはランダムな変異が見られる。しかし、年平均の全地球平均の温度に関しては、どのモデル実行も同じような結果に集中する。そしてどのモデルも、次世紀については何らかの温暖化を示していた。

これは批判者にとっては気に入らなかった。彼らは、すべてのモデルが不確かな仮定や根拠の薄いデータを共有している数多くの点を指摘した。モデル作成者は、まだ道のりは遠いということを認めた。彼らのGCMは議論の余地があり難解なものだったので、政策立案者や一般大衆にはあまり信頼してもらえなかった。気候変化について考えている人々は、もっと直接的な指標を求めていた――たとえば、窓の外の天気のような。地球の平均温度が下降していたら、一般の人々や、あるいは大部分の科学者ですら、地球温暖化を深刻に受け止めるのはとうてい無理だ。

だが、ほんとうに下降しているのか？　一九七五年にニュージーランドの科学者二名は、北半球が過去三〇年間にわたって涼しくなっているのに対して、彼らの住んでいる地域は、そしておそらく南半球のその他の地域も暖かくなっていると報告した。広大で訪れる人のいない南大洋には観測点があまりにも少ないため確実ではなかったが、その他の調査がそれを裏づける結果につながった。一九四〇年ごろから観察されていた寒冷化はおもに北のほうの緯度帯のものだった。もしかしたら、そこでは温室効果による温暖化が工業起源の煙霧による寒冷化で相殺されているのではないか？　なんといっても、北半球は世界の工業の大部分の本拠地なのだから。また、世界の人口の大部分の本拠地でもあり、いつものことながら、人々は自分の住んでいるところの天気に最も強い印象を受けていた。

科学者と政府の政策立案者は、天気に何が起こっていたのかを確実に知る必要があった。世界中の何千という観測点が毎日の数値を報告していたが、その数値は一つの基準に従ったものではなかった。データはごちゃごちゃしていて、それが全体として意味するところはほとんど判読できない。一九八〇年ごろに二つのグループが、歴史的および技術的なややこしい詳細について判断しながら不確かなデータを捨てて残りをきちんと整理するという、この大量の数値全体の処理に着手した。

結果の数値を最初に出したのは、ニューヨークのジム・ハンセンのグループだった。彼らは「世界は涼しくなりつつあるという一般的な誤解は一九七〇年までの北半球の経験にもとづいている」と報告した。気象学者が寒冷化の傾向に気づいたちょうどそのあたりの時期から、傾向は逆転したようだった。一九六〇年代半ばの低い温度から、一九八〇年までに世界全体として〇・二度ほど暖かくなっていた。[2] 一九四〇年代から一九六〇年代にかけての一時的な北半球の寒冷化は、気候科学にとっては不運なことだった。この寒冷期は、温室効果に対する懐疑心を煽り、一部の科学者と多くのジャーナリストを刺激して新たな氷期の到来について公の場で推測させたことで、この学問分野に役立たずという評判を植えつけ、汚名はすぐにはそそがれなかった。

温室効果によるどんな温暖化も、ランダムな自然の変動と工業起源の汚染だけでなく、ある種の基本的な惑星物理学によっても覆い隠されるだろう。もし何かが大気に熱を加えたら、その大部分は海の表面近くの層に吸収される。その層が暖まっていく間は、問題の認識が遅れるはずだ。チャーニーが議長を務めた専門家パネルはこの効果について一九七九年に説明している。「CO_2の蓄積量が増大し、容易に感知できるほどの気候変化が避けられない状態になるまで、前兆はないかもしれない」[3]。海による熱の取り込みは、大気の温暖化を数十年遅らせることしかできない。一九八一年にハンセンのグループは、CO_2がどれくらい速く蓄積しているかを考えると二〇世紀末までに「二酸化炭素による温暖化が自然の気候変動のノイズ・レベルを超えて現れるはずだ」と大胆に予測した。ほかの科学者たちは、異なる計算を用いてこれに同意した。地球温暖化の発見――つまり、温室効果が予測されたようにほんとうに働いているというあきらかな証拠――は二〇〇〇年ごろに到来するだろう。[4]

地球規模の温度を解析している二番目のグループは、英国政府がイースト・アングリア大学に設立した気候研究ユニットで、トム・M・L・ウィグリーとP・D・ジョーンズがその長を務めた。一九八六年、彼らは平均の地上温度に関する初めての完全に確固たる包括的な地球規模の解析を提示した。一三四年間の記録の中で最も暖かい三年は、すべて一九八〇年代だった。説得力のある裏づけがハンセンと共同研究者から出された。彼らはイギリスのグループとはまったく違う方法で古い記録を解析して、だいたいにおいて同じ結果にたどり着いたのだ。これは事実だった。前例のない温暖化が進行中なのだ。

このような論文では、数ページ分の本文と図表はそこに隠された莫大な量の研究の氷山の一角だった。数多くの国々の何千もの人々が人生の大半を気象観測に費やし、さらに何千もの人々が研究プログラムの組織と管理、観測機器の改良、データの標準化、記録の保管に専念してきた。地球物理学においては、簡単に結果が出ることはあまりなかった。単純な一文（たとえば「昨年は観測史上最も暖かな年だった」）も、数世代にわたる地球規模のコミュニティーの努力の精髄かもしれない。しかも、それをまだ解釈しなければならないのだ。

大部分の専門家は、温暖化が将来も継続するという確固たる証拠はないと見ていた。なんといっても、信頼のおける記録があるのはわずか一世紀余りの期間で、そこには大きなゆらぎが見られるのだ（特に一九四〇—一九七〇年の下降）。現在の傾向も、やはり一時的なゆらぎにすぎないのではないか？シュナイダーは気候の危機を警告することをまったくためらわない科学者の一人だが、「温室効果の徴候は記録の中に明白に認められるとはまだ言えない」と認めている。ハンセンと同様に、彼はその徴候がはっきりと現れるのは二〇世紀の終わりごろになってからだと予想した。(5)

温室効果による温暖化の確かな理解を阻む大きく堅い障害物は、気候の自然変動だった。ある数十年間は温度が急上昇し、次の数十年間は下がるような変動のありさまは、温室効果以外の要因が働いているに違いないことを示している。ハンセンなどのモデル作成者がCO_2の上昇に火山噴火の要因

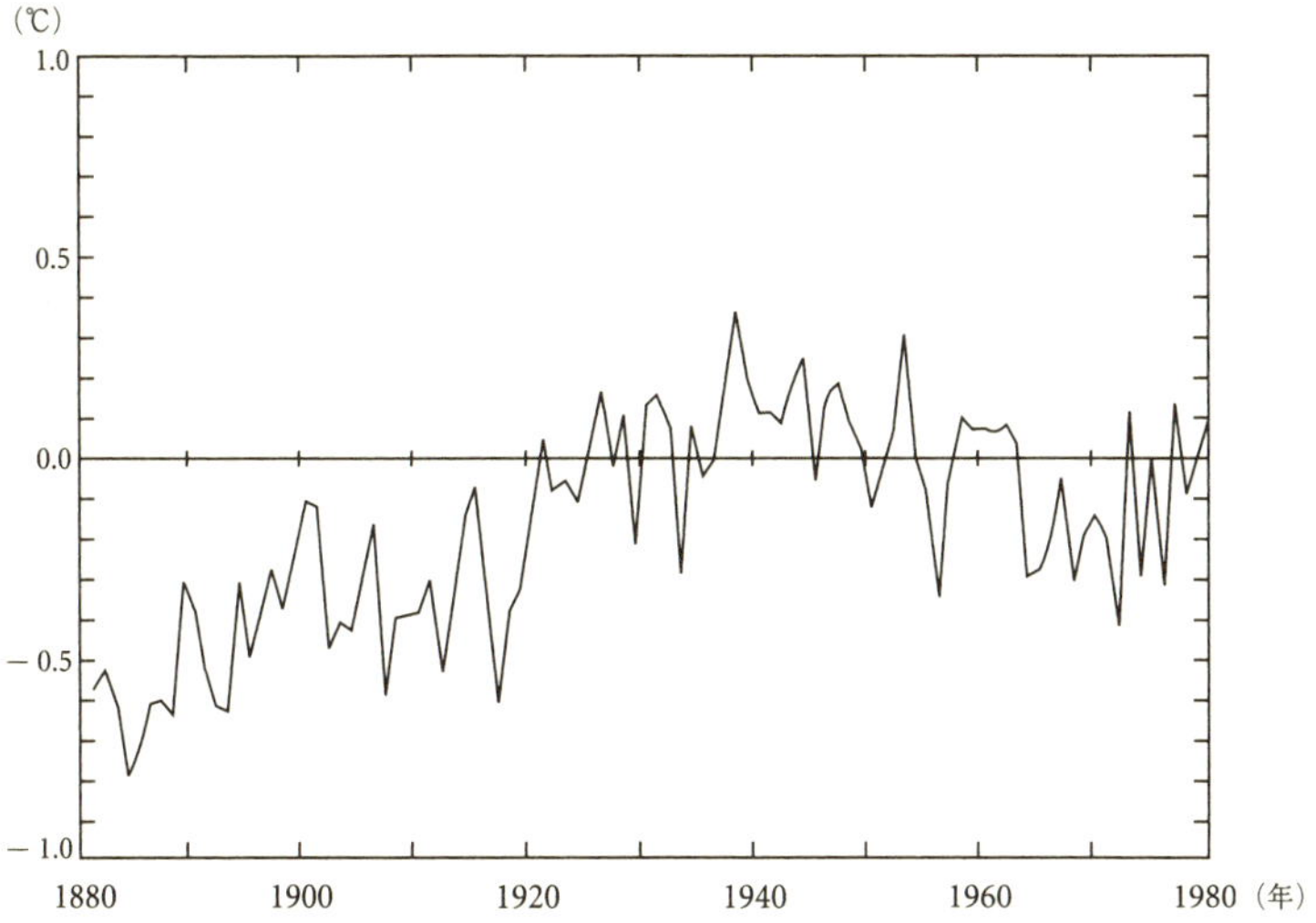

図2　温度の不規則な上昇

北半球の平均地上気温（1946～1960年の平均値からの差を摂氏で示した）．1982年にイギリスのグループが作成したこのグラフには，1940年代までの顕著な上昇，1960年代を通じての紛らわしい下降，そしてその後の上昇のぼんやりとした始まり（これは1990年代にはるかに大きく急上昇する。第8章の図3を参照のこと）が示されている．（P.D. Jones et al., ***Monthly Weather Review*** 110, 1982, p. 67, 米国気象学会の許可を得て転載.）

を加えたとき、これによって変動のかなりの部分を説明できることがわかった——だが、全部ではない。ほかの何が大気をいじめているのだろう？

変動の一部が規則的な周期に従っていることを示す手がかりがあった。たとえば、ダンスガーらがグリーンランドの氷床の深部から掘り出した大昔の氷コアからは、およそ八〇年周期の変動が示された。このデンマークのチームは太陽が原因だと推測した。まさにそのような周期的変動が、太陽黒点の数の小さな変動を分析していた科学者たちからすでに報告されていたのだ。これらの調査結果に強い印象を受けた人々の中にブロッカーがいた。彼は、太陽の周期的変動の下向き傾向は、火山や工業起源の煙霧よりもさらに強く、温室効果による温暖化を一時的に打ち消しているのだと考えた。そして一九七五年に、CO_2が蓄積しつづけている間にひとたび太陽活動の周期の向きが変われば、世界は深刻な温度上昇に瀕することになるかもしれないということを示唆する影響力の大きい記事を発表した。「無関心でいることは許されないかもしれない」と彼は述べた。「われわれは気候における驚きに直面するのかもしれないのだ(6)」

その後の研究によれば、ダンスガーの見つけた周期的変動は地球規模には見つからなかった。そのような周期的変動が実際にあるとしても、それは太陽によるものではなく、北大西洋で起きた何かによって引き起こされているように思われた。地球規模の天気の周期的変動が推定されたもののデータが増えるとともにしだいに消えていくという、よくある事例の一つにすぎなかったのだ。これはまた、ブロッカーの科学的な直感が彼の見つけた証拠を上回ったというういくつかの事例の一つでもあった。太陽の変化が気候に影響を及ぼしているのではないかと疑う根拠は実際にあったのだ。

かつて一九六〇年代初めには、新たに現れた放射性炭素の専門家の一人であるミンツ・ストゥイヴァーが正しい方向に動いていた。彼はもう一人の放射性炭素専門家ハンス・ズュースと協力して、昔の木の年輪に含まれる放射性炭素の量が世紀ごとに変動していることを証明した。多くの科学者は動揺した。不規則な変動は放射性炭素による年代測定技術の基礎を揺るがすものだからだ。しかし、ある専門家には歓迎されないノイズのように見えるものが、ほかの専門家にとっての情報を含んでいるかもしれない。ストゥイヴァーは、放射性炭素が宇宙のはるか彼方から来る宇宙線によって大気中で生成されることに注目して、宇宙線の流れが地球に達するのを太陽の磁場が妨げていることを指摘した。もしかしたら、放射性炭素の記録は太陽の変化について何かを語っているのではないか?

一九六五年、ズュースはこの新たなデータと気象記録の相関関係を証明しようと試みた。放射性炭素の変動が「氷河時代の原因に関する決定的証拠を与えてくれるかもしれない」という期待からだ。(7)彼はヨーロッパの気象記録に報告されている一六世紀と一七世紀の厳寒期に焦点を当てた。いわゆる「小氷期」で、農作物の不作が繰り返され、冬にはロンドンのテムズ川が固く凍りついていた。それは、放射性炭素が比較的多い時期だった。過去の黒点データに鋭い視線を向けたズュースは、小氷期のころにはほとんど黒点が記録されていないことに気づいた。黒点の数の減少は太陽の磁場が弱いことを示し、つまり磁場を突き抜けることのできる宇宙線が多くなり、つくられる放射性炭素も多くなると考えられた。要するに、放射性炭素の増加は太陽の変動を示し、それが何らかのかたちで寒い冬とつながっているのだ、とズュースは提案した。

この結びつきをなるほどと思った者もいたが、大多数の科学者にとって彼の推測は、いままで無数に発表されては遅かれ早かれ退けられてきた黒点との相関関係がまた新たに現れたとしか思えなかった。たとえ証拠に説得力があったとしても、深い懐疑心を向けられただろう。科学者が自分の考えにデータを当てはめるには、理論がそのための場所を用意していることが必要なのだ。黒点と宇宙線の変動は、太陽が出しているエネルギーの総量にくらべれば取るに足りないものだった。そんなにささいな変動が、どうして気候に顕著な影響を及ぼすことなどできるだろう?

一九七五年、一流の気象学者ロバート・ディキンソンは、太陽が気象に及ぼす影響に関する米国気象学会の公式声明を再検討する作業を引き受けた。彼はそのような影響はありそうにないという結論を下した。理にかなったメカニズムが見あたらなかったからだ——もしかしたら、一つはあるかもしれないが。宇宙線がもたらす電荷は、大気中の塵のまわりに雲粒となる水滴が凝結する仕方に何らかのかたちで影響を及ぼすのかもしれない。ディキンソンは、これがたんなる憶測だということを急いで指摘した。科学者は雲の形成についてほとんど何も知らないので、さらに多くの研究を実施しなければ「こういった考えが正しいと証明するか、あるいは(こちらのほうが確率が高そうだが)誤りを立証することはできない」のだ。(8) 率直に懐疑心を示しながらも、ディキンソンは扉をほんの少し開けておいたわけだ。あれやこれやでいままでは、黒点の変動と気候の変動に関係がありうるということは、少なくとも科学的に考えられることとなっていた。

一九七六年、ある太陽物理学者がすべての糸をつなぎ合わせる論文を発表し、それは間もなく有名になった。ジョン(ジャック)・エディーは、ボールダーで研究を進める太陽物理学者の一人だった。この町にさまざまな気候専門家がいるにもかかわらず、エディーは放射性炭素の研究について知らなかった――気候学をつねに妨げる分野間のコミュニケーション不足の一例だ。エディーはふつうの種類の太陽物理学の研究においては十分な成功をおさめられず、一九七三年には研究者としての職を失い、NASAのスカイラブ（宇宙実験室）の歴史を書くという臨時の仕事しか見つからなかった。余暇は古い本を熟読して過ごした。黒点の周期的変動は何世紀にもわたって安定しているという昔から信じられている意見をはっきりと確認するという目的で、過去の肉眼観測による黒点の記録を再検討することに決めていたのだ。

だが、記録は太陽がけっして不変ではないことを示していた。この発見は、ほかの多くの科学的発見と同様に、完全に新しいものではなかった。小氷期に黒点がほとんど観測されていないことは、ズュースだけでなく彼以前にも少数の人々が気づいていた。特に、かつて一八九〇年にイギリスの天文学者E・ウォルター・モーンダーが、この証拠とそれが気候に関連する可能性への注目を集めている。その他の科学者は、検出限界ぎりぎりのよくある疑わしい数値の一例にすぎないと考え、モーンダーの論文は世間から忘れ去られた。科学的な研究結果は孤立した状態で栄えることはできず、ほかの研究結果による支持が必要なのだ。

「太陽を扱う天文学者の一人として、私は絶対にそんなことが起きたはずがないと確信していた」とエディーはのちに振り返っている。(8) だが、過去の記録を熱心に調べた彼は、近代初期に太陽を観測した人々が信頼に足ることを徐々に納得させられていった――黒点の証拠の不在は、ほんとうに不在の証拠だったのだ。ほかの科学者は懐疑的だったが、エディーは自分の主張を押し通すうちに、放射性炭素の証拠の存在を知った。その間にストゥイヴァーらは、年輪その他の化石の源に含まれる放射性炭素と太陽の活動との結びつきを確認していた。エディーが完全な研究結果を一九七六年に発表して、黒点と放射性炭素と温度の相関関係を証明したとき、多くの人々はその証拠に説得力があると感じた。彼は、いまの時代つまり「われわれが太陽を最も集中的に観測した時代には、太陽のふるまいは珍しく規則的で害がなかっただけかもしれない」と警告した(10)。

次のステップは、裏づけを探すことだった。シュナイダーやハンセンなどは、火山噴火の塵による散発的な寒冷化だけでなく黒点と放射性炭素に示される太陽の変動も考慮に入れると、実際に過去の温度傾向にきちんと一致させることができると知った。推定される太陽の影響の強さを過去の温度の曲線と対応するように調整することは、当て推量であり、危険なほどでっちあげに近かった。だが、時に科学者は「足が宙に浮いた状態で歩かなければならない」もので、すべてが最終的にうまくいくかどうかを確かめるために一度に二、三のことを仮定しなければならないのだ。結果は、さらに研究を進める気になる程度には満足のいくものだった。その一部には、まったく相関関係が見られなかった。ある評論家が一九八五年に評したように、「これは物議をかもすテーマ」で、太陽の変動と気候変化との結びつきは依然として「興味をそそるが立証されていない可能性」のままだった(11)。

一九七〇年代に大気の研究に追加された複雑化の要因は、太陽物理学だけではない。もう一つ、すっかり異なる科学分野から、まったく新しい種類の質問が付け加えられた。気候科学の歴史は意外な連鎖に満ちているが、微量化学成分に注目を集めた出来事ほど奇妙で予想外なつながりはないかもしれない。この研究は、超音速輸送機からの汚染が成層圏をいかに変えうるかという懸念がきっかけで始まった（第四章）。一九七三年、マリオ・モリーナとシャーウッド・ローランドは、放出されているその他の化学物質ならどうなるか見てみるのもおもしろいかもしれないと考えた。クロロフルオロカーボン、日本ではフロンとして知られるあまり重要ではない工業ガスが深刻な影響を及ぼしうると知り、彼らは驚いた。

専門家はそれまで、フロンは環境に対して安全な物質だと考えていた。生産量は比較的少ない。そしてきわめて安定した物質で、けっして動植物とは反応しない。その安定性そのものが、フロンを危険物質にしていることが判明した。フロンは何世紀にもわたって空気中にとどまり、結局、モリーナとローランドが気づいたように、一部は成層圏まで漂っていく。成層圏では紫外線の働きでフロンが活性化し、それはオゾンを破壊する反応の触媒になる。高い成層圏にあるオゾンの薄い層は太陽からの紫外線を遮断しているので、この層が取り除かれると皮膚ガンの増加につながり、おそらくそれ以上の危険を人間と動植物にもたらすはずだ。

フロンはエーロゾルスプレーの噴射材だった。毎日、何百万もの人々が、デオドラントスプレーやスプレーペンキを使うたびに地球規模の害を増大させていたのだ。科学ジャーナリストは一般大衆に警告し、環境保護主義者はこの件を激しく非難した。産業界は、フロンには危険などいっさいないと憤然として主張する広報活動で反撃した。市民は納得できず、手紙で政府代表者を攻め立て、米国連邦議会は一九七七年にそれに応えてエーロゾルスプレー缶にフロンを使用することを禁止した。この件には、気候との目に見える結びつきはなかった。だが、大気がどれほど壊れやすいものか、人間による汚染によってどれほどたやすく害を受けるかという強烈なメッセージを伝えてきた。そして、将来的な大気の危険についての専門的な科学的調査結果は一般大衆を行動に駆り立てて、法律制定に影響を与え、主要産業を攻撃することが可能だという証明となったのだ。

ローランドとモリーナのフロンに関する研究は、のちにNASAのV・ラマナサンがこの珍しい分子を詳しく調べるきっかけとなった。一九七五年、彼はフロンが赤外放射を驚異的に吸収することを報告した――フロンは温室効果気体だったのだ。単純な計算から、フロンは二〇〇〇年までに到達するであろう濃度において、単独で全地球の温度を一度上昇させるかもしれないということが示された。ほかの科学者もそれに続き、いままでほとんど考慮されていなかったその他の気体について計算した。メタン（CH_4――天然ガスの主成分）および窒素化合物（たとえば肥料散布の際などに放出される一酸化二窒素、N_2O）だ。もし大気中のこれらの気体の濃度が二倍になると、温度はさらに一度上昇する。一九八五年、ラマナサン率いるチームは赤外放射を吸収する約三〇種類の微量気体を調べた。これらの追加の温室効果気体を合計すると、CO_2そのものと同じくらい大きな地球温暖化をもたらす可能性があるということが推測された。

これらの気体成分は、大気に含まれている量がCO_2とくらべて非常に少なかったため、それまで見過ごされていた。しかし、CO_2はすでに空気中にたくさん存在したので、それが放射を吸収するスペクトルバンドはすでにほとんど不透明だった。かなりたくさんのCO_2が追加されなければ、吸収量に深刻な差異は生じない。少しばかり考えてみれば、どんな物理学者でも、ほかの微量気体成分の場合はそうではないことがわかっただろう。それらの気体は、わずかな量が追加されるたびに、「窓」――それまでは放射を妨げずに通していたスペクトルの領域――が暗くなっていくのだ。だが、単純なことも、誰かに指摘されないうちは必ずしも明白とは限らない。理解が広がるまでにしばらく時間がかかった。一九八〇年代に入ってからだいぶたっても、一般大衆、政府官僚、さらに大多数の科学者ですら、「地球温暖化」は「CO_2の増加」と本質的に同義語だと思っていた。その間に、何千トンものその他の温室効果気体が大気に流れ込んでいたのだ。

一部の科学者はメタンの重大性を認識しており、地球規模の炭素循環における役割を調べていた。メタンは沼から泡立つ「沼気」である。それはおもに、庭の土からシロアリの消化管までいたるところで繁殖する細菌から発生している。このような自然の放出量は、人間が天然ガスを掘り出して燃やす間に漏れるメタンの量よりもはるかに大きかった。だが、だからといって人間の影響を無視してよいという意味ではない。人類は世界の肥沃な地表面の大部分にその意志を押しつけ、全地球の生物圏全体を変容させていった。目立たない研究分野の専門家たちが、急速に増えつつあるさまざまなメタン源をあきらかにしていった。この気体は、たとえば水田の泥や急増するウシの群れの胃袋で見つかる細菌によって、地球物理学的に重大な量で放出されていた。そして、土壌細菌も、またシロアリですら、森林破壊や農業の進歩によって栄え、メタン放出を加速させているのではないか？

その影響は莫大なものと判明した。一九八一年、ある研究グループは大気中のメタンが愕然とするほどの速度で増加していることを報告した。グリーンランドの氷冠から採掘したコアの気泡に閉じ込められた空気を調査したところ、メタンの増加は数世紀前から始まっており、この数十年で激しく加速していることが確認された。空気のサンプルを苦心して収集した結果、一九八八年までには最近の増加分を正確に測定することができた。メタン濃度は過去一〇年間だけで十一パーセントも上昇していた。そして、メタンのそれぞれの分子は、CO_2分子の約二〇倍の温室効果をもっていたのだ。

このことから、警戒すべきフィードバックの可能性がもち上がった。北方のツンドラの地下の泥炭からなる深い永久凍土層には、膨大な量の炭素が凍った状態で蓄えられている。北極地方が暖かくなるにつれて、果てしなく広がるびしょぬれのツンドラから、地球温暖化を促進させるのに十分な量のメタンが放出されるのではないか？　さらに不吉なのは、奇妙な「クラスレート」（メタン水和物）として固定されている炭素の莫大な量だった。クラスレートは氷のような物質で、世界中の海底の泥の中にあり、上に重なった水の圧力と冷たさのために固体に保たれているだけだ。一九八〇年代初めに、次のことが指摘された。もしわずかな温暖化でも堆積物に浸透したら、クラスレートが融けて、大気に膨大なメタンとCO_2を爆発的に放出するかもしれない――そして、よりいっそうの温暖化がもたらされるのだ。

もちろん、ふつうの生物の生産によるフィードバックもあるだろう。地球温暖化は、森林、草原、海洋のプランクトンなどによって放出されたり吸収されたりする温室効果気体の量を変えるからだ。このような複雑なシステムがどのような結果をもたらすか知る唯一の方法は、計算機モデリングによるものだろう。しかし、すべての重要な効果を正確に表す方程式を書けるようになるまでには、学ばなければならないことが数多くあった。

一つの複雑なシステムとして動作し変化する気候を観察するためには、そもそもこの疑問をあかるみに出した問題ほど有益なものはなかった。つまり、氷期だ。そのすさまじい振動を理解すれば、気候システムの理解に非常に役立つだろう。見込みは大いにあった。海底の粘土と氷河の氷の研究がたえず改良されつづけてきた結果、過去の変化の明快な概要が浮かび上がりつつあったからだ。外洋での作業のためのテクノロジーは、石油探査などの商業目的で幅広く開発されていた。一九七〇年代には、これらのテクノロジーが深海掘削プロジェクトに利用された。この一連の航海は国立科学財団の資金提供で実施され、世界中の海底から長いコアを引き上げた。粘土の層の中に記録された温度の時系列は、グリーンランドと南極大陸の氷から得られた記録と、細かい上り下がりまでよく一致することがわかった。研究者たちは、これらすべてのデータを一つにまとめて検討しはじめた。

全部の中で最もみごとなコアは、南極大陸にあるソ連のヴォストーク基地でフランスとソ連の合同チームが採取したものだった。これはまさにテクノロジーが可能にした大胆な偉業で、吐く息が輝く氷の結晶となって地面に落ちるほど低い温度のなか、一キロメートルの深さで動かなくなったドリルと格闘したのだ。ヴォストークは地球上で最も人里離れたところで、物資は年に一度、氷の上を何百キロメートルも這うように進む雪上車の列によって補給された。資金不足でみすぼらしい基地では、タバコ、ウォッカ、頑固な粘り強さというソ連の伝統的な組み合わせが燃料だった。一九八〇年代末期、底に達してコアを引き上げたとき、それが四〇万年以上前までさかのぼる記録だとわかった――四つの完全な氷期・間氷期サイクルが含まれているのだ。

二〇年間にわたって、さまざまなグループが次々と氷の円柱からサンプルを切り出し、細かい気泡に閉じ込められたCO_2の濃度を測定しようとしてきた。いずれの試みも、なるほどと思える結果を出すことはできなかった。とうとう一九八〇年に、信頼できる方法が開発された。そのこつは氷のサンプルを入念にきれいにして、真空中でそれを押しつぶし、出てきたものをすばやく測定するのだ。ヴォストークのコアの結果は決定的で、意外で、そして重大なものだった。

どの氷期でも、大気中のCO_2濃度は、その間の暖かい時期よりも低かった――五〇パーセントも低かったのだ。氷河期が来たり去ったりするのにともなってCO_2濃度がこれほど大きく上下する原因は何か、誰も説明ができなかった。ヴォストーク・コアは温室効果論争の情勢を変え、まとまりつつあった科学者の総意を確実なものとした。CO_2はほんとうに気候変化において中心的な役割を担っているのだ。この研究は、過去のさまざまな気候を調査することができれば実験台に地球を置いて条件をあれこれ変えた結果を観察するようなものだという、昔ながらの夢を実現したかたちとなった。

氷コアの研究結果は、氷河時代に関するミランコヴィッチの軌道の理論に対する古くからの説得力ある反論への解答となった。その反論とは、もし氷期のタイミングがその半球の太陽光の変化によって決められるのならば、なぜ北半球が冷やされるにつれて南半球が暖かくなったり、またその逆のことが起こったりしないのかというものだ。それに対する解答は、大気中のCO_2量（そして、同様に増減するメタン量）の変化が物理的に両半球をつなぎ、地球全体として暖めたり冷やしたりするということになる。この研究結果はさらに、一〇万年周期の太陽光の弱い変動によって大陸氷床を成長させたり崩壊させたりすることが可能になる仕組みの一つを示唆していた。どうやら実際に、強力なフィードバックが存在しているようだった。地球温暖化と温室効果気体の自然放出は何らかの仕組みによって互いに強めあい、いかなる変化も激しく増幅しているのだ。

そのフィードバックのメカニズムはどうなっているのだろう？　暖められた湿地や森林からのガスの放出は、数多くある候補のうちの一つにすぎない。科学者たちはほかの可能性を提案していき、それぞれが前に挙げられたものよりもさらに風変わりだった。たとえば、次のような話だ。氷期の地球では砂漠が広くて強い風が吹いていた。したがって空気中に多くの塵が巻き上げられた（塵の層は氷コア内に目で確認できる）。そういった塵の無機成分が海洋プランクトンにとって必須の養分を供給し、プランクトンがけた外れに繁殖するかもしれない。プランクトンは空気中からCO_2を取り込む。プランクトンが死んで海底に積もると、炭素も一緒に埋没し、温室効果が弱まる。そして、氷期はますます寒くなる。あるいは、そんなことは起こらなかったかもしれない——別のもっともらしいメカニズムを見いだす才能のある人は必ずいた。氷期のような大きな気候変化の働きを誰かが説明できるようになるのは、あきらかにまだまだ先のことだった。なんといっても、現在の気候の満足のゆく分析もまだ存在しないのだから。

現在の気候についても、氷河時代についてと同様に、塵が中心的な謎として残っていた。エーロゾル粒子が地球を暖めるのか冷やすのかに関する議論は、複雑でややこしいものだった。たとえば、火山の過去の調査から、それぞれの大噴火のあとには数年間にわたる地球規模の寒冷化の明確なパターンがあきらかになっている。しかし、火山のガラスの粒子は数週間以内には空気中から落ちていた。では、どうしたらそれほど長期の影響を引き起こすことができるのだろう？　大気からは、人間の農業によって劣化した土地から放出される鉱物質の塵もすばやく除去される。同様に、工場や焼き畑から発生する煙の炭素質のすすも除去される。この状況で、どうすれば一時的かつ局地的な影響以上のものを及ぼすことができるだろうか？

答えは、空気中に投げ入れられたほかの何かの中に隠されていた。都会のスモッグを見ている——というよりもそのにおいを嗅いでいる——人は誰でも、単純な化学物質が主成分だと思うかもしれない。一九五〇年代に始まったスモッグの研究で、少数の科学者が空気中の化学物質を調べることになった。彼らは、最も重要な分子の一つは二酸化イオウ（SO_2）だということに気づいた。SO_2は化石燃料を燃やす産業だけでなく火山によっても豊富に放出され、大気の中を上昇して水蒸気と結びつき、非常に小さな硫酸の液滴や硫酸塩の結晶となる〔以下この両方をまとめて「硫酸（塩）」と表記することにする〕。一九七〇年代初め、航空機の排気がオゾン層に害を及ぼすのではという懸念から米国政府が成層圏の化学物質を調べるための調査飛行を実施したとき、そこに存在する最も重要なエーロゾルは硫酸（塩）の粒子であることがわかった。これらの粒子は何年も大気中にとどまり、放射を反射したり吸収したりする。それが何か影響しているのだろうか？　手がかりは、金星を覆っている雲から現れた。一九七〇年代初め、精密な望遠鏡による観測から、金星を温室効果地獄にするのに役立っている煙霧の原因が確認された。煙霧はおもに硫酸（塩）だったのだ。

地球上の煙霧は、スモッグが多い都会以外では、土壌粒子、海塩結晶、火山性物質などによる「自然の背景」だと一般的に思われていた。一九七六年、バート・ボリンとロバート・チャールソンがそれに疑問を抱いた。政府機関が収集した空気質のデータを分析した彼らは、アメリカ合衆国東部および西ヨーロッパの大部分で硫酸（塩）エーロゾルが測定可能なほど太陽光を陰らせていることを証明した。計算によれば、人間の活動から生じるすべてのエーロゾルの中で、硫酸（塩）が気候にとって最も大きな役割を果たしていた。その効果は当時はわずかであるように思われた。しかし、化石燃料の消費が増えるにつれて、長期にわたる未来の気候を計算したい者は誰でも、なんとかして硫酸（塩）を考慮に入れなければならなくなる。

少数の計算機モデリンググループがこの難題に取り組んだ。特に説得力があったのは、一九七八年にハンセンのグループが発表した研究だった。彼らは一九六三年を振り返った。インドネシアのアグン山の噴火が約三〇〇万トンのイオウを成層圏に噴き上げた年だ。単純化されたモデルによって硫酸(塩)は寒冷化を助長したはずだということが計算され、得られた数値は一九六〇年代半ばに実際に観測された地球規模の温度変化とすべての本質的な点から見て一致した。一部の科学者の主張とは反対に、金星で起こっていたこととは違い、地球上の硫酸(塩)の正味の効果は地表面を冷やすことのように思われた。

けれどもこれでは、人間による汚染すべての正味の効果は寒冷化だと証明したとはとても言えなかった。それまでの議論は、エーロゾルが放射を直接どのように遮断するのかという点だけを検討していた。だが一九六〇年代以降、少数の科学者がこれはエーロゾルの最も重要な効果ではないのかもしれないと指摘してきた。新たな観測から、自然の条件のもとでは水滴が合体して雲になるのを助ける核が少なすぎることが多いとわかった。これは、ウォルター・オーア・ロバーツがジェット機の飛行機雲が巻雲になっていく様子を指差しながら語ったような話だ。それは一時的で局地的な影響だと思われていた。このころには一部の人々は、人間による放出が水滴をつくるための核を加えることで、全世界的に雲量が増えるのではないかと考えていた。もしそうなら、それは気候にとってどんな意味をもつのだろう?

一九七七年、ショーン・トゥーミーがこれらの問題にいくばくかの光明を投げかけた。雲からの太陽光の反射は、複雑な仕組みで核の個数に依存するということを証明したのだ。温度、湿度、粒子の種類と個数によって、エーロゾルがもたらす天気は薄いもやか、厚い雲か、あるいは雨のち快晴かもしれない。したがってエーロゾルの増加は、さまざまな要因に依存して、雲の反射率を上げることも下げることもありうる。そのうえ、雲は太陽光を宇宙空間に反射する一方で、下からの放射も遮り、温室効果を引き起こす。特定の種類の雲の正味の効果が寒冷化なのか温暖化なのかを知るためには、大規模な計算が必要だ。計算の結果トゥーミーは、全体的に見て人間が出しているエーロゾルの効果は地球の寒冷化であるはずだと判断した。

ほかの科学者は、あまり注意を払わなかった。理論があまりにも技巧的すぎて、誰もトゥーミーの計算をたいして信頼することができなかったのだ。それに、方程式を明確にするための説得力ある観察結果がなかった――ヨウ化銀の煙による雲の種まきの効果ですら、何十年にもわたる高価な実験にもかかわらず依然として議論の的となっていた。大気中を漂う粒子と分子の混合物については、いままでほとんど何も測定されていなかった。化学物質がお互いにどう反応するかについてはさらに知られていなかったが、この点がきわめて重大だということはスモッグの研究が証明していた。これほど恐ろしいまでに複雑で、解決不可能かもしれない問題に研究者としてのキャリアを何年も賭けたいと思う者はほぼ皆無だった。

それでも、問題は徐々にさらに避けられないものとなっていった。北極圏ですら、何もない広大な景色からは自然のままの空気だけが期待されるにもかかわらず、工業地域から漂ってきた汚染物質の煙霧が目に見えることに科学者たちは驚いた。彼らは、いまや人間は大気中の硫酸(塩)エーロゾルのおもな発生源だということを認めるようになりつつあった。一九八七年、目に見える劇的な証拠が数多くの科学者にトゥーミーの計算が考慮に値することを納得させた。海の衛星写真が、航路の上空にいつまでも消えない雲を示していたのだ。これは、船から出る煙に対するあきらかな反応だ。どうやらエーロゾルは、太陽光をかなり反射するほどの雲を確かにつくり出しているらしい。では、それは将来の気候にどんな意味をもつのだろう？　この面倒な理論的研究や観測的研究に専念している少数の人々は、答えを出すにはほど遠い状態だった。

気候システムのうち、やはり難解だがよりあきらかに中心的な特徴については、研究がもっと速く進んでいった。「気候変化において海洋が大気よりも重要な役割を果たしていることがわかるかもしれない」と、専門家のパネルは一九七五年に述べている。[12] 第一世代の大循環モデルは、海をたんなる濡れた表面として、特徴のない沼であるかのように扱っていた。だが、海流は膨大な量の熱を熱帯から極へと運んでいる。これは気候の原動力の重要な構成要素の一つだが、GCM——ここでの意味は大気大循環のモデル——が勘定に入れようとしたことのない構成要素でもあった。

モデル作成において海を大気と同じように扱うためには、二つの障害物があった。第一に、大気は何千もの場所で毎日測定されていたが、海洋学者にはときおりの分散したデータしかなかった。単発的な調査航海で、あちこちで何キロメートルもの深さから瓶で水を汲み上げる作業は、目の見えない人々数名が広大な草原を這い回っているようなものだった。第二に、大気のモデルの場合は、嵐をもたらす渦の複雑なふるまいを単純な方程式あるいは平均の数値で代用することで数多くの困難を回避できる。しかし、海でそれに似たプロセスは、数十年かかって海洋盆全体をまわる水の動きであり、すべて詳しく計算しなければならない。一九七〇年代の最高速の計算機でも、海洋システムの中心的な特徴を計算するには能力が不足していた。ある層から次の層への鉛直の熱輸送といった基本的で単純そうに見えることすら処理できなかったのだ。

海洋学者は、さまざまな大きさの数かぎりない渦がエネルギー輸送にとって決定的な働きをしていることを理解するようになっていた。最小のものは顕微鏡スケールの循環で、まだ誰も突き止めていない何らかの方法で表面から熱を下に運んでいた。最大のものはベルギーよりも大きな渦で、何か月間も海をかきわけて進んでいた。これらの巨大な遅い渦は、六隻の船と二機の航空機を使って実行された北大西洋の国際的調査のおかげで一九七〇年代にようやく発見された。海洋学者が驚いたことには、海洋システムのエネルギーの大部分は、メキシコ湾流などの大洋全体をめぐる流れによってではなく、これらの渦によって運ばれていた。大小すべての渦を計算することは、個々の雲を計算するのと同様に、最高速の計算機の限界をはるかに超えていた。モデル作成者はそれらのおもな効果を要約するようなパラメータを用意しなければならないが、今回は雲よりもはるかに観測がむずかしく、理解されていないものが対象だ。大ざっぱな単純化をしてさえ、いささかなりとも現実的な結果を出すためには大気の場合よりはるかにたくさんの数値計算が必要だった。

真鍋淑郎は、カーク・ブライアンと分担してこの作業を引き受けていた。ブライアンは気象学の教育を受けた海洋学者で、かつて一九六一年に海洋独立の数値モデルを構築するためにプリンストン大学のグループに採用されていた。二人は、この海洋モデルを真鍋の大気のGCMと結合した一つのモデルを組み立てるためにチームを組んだ。真鍋の風と雨はブライアンの海流を駆動する働きをして、その代わりにブライアンの海面水温と蒸発量が真鍋の大気の循環を決定するのに役立つ。一九六八年、彼らは約一一〇〇時間（大気にまる一二日以上、海洋に三三日）をかけた英雄的な計算機実行を完了した。

ブライアンは「ある意味では……実験は失敗だった」と謙遜して書いている。[13] シミュレートされた世界で一世紀の計算が進んだあとでさえ、海洋深層の循環はまったく平衡に達していなかった。最終的な気候の問題の解がどのように見えるかははっきりしなかった。それでも、少なくとも平衡状態に落ち着く方向に向かうような海洋・大気の結合計算が得られただけでも大成功だった。結果は本物の惑星のように見えた――われらが地球ではない。地形の代わりに徹底的に単純化された幾何学的な分布を使っていたからだが、海流、貿易風、砂漠、積雪などはそれらしく見えた。不完全な観測結果しかない実際の地球とは違って、シミュレーションの中では空気、水、エネルギーがどのように動かされるかを正確に見ることができた。

続いて一九七五年には、真鍋とブライアンはおおまかに地球に似た地形をもつ最初の海洋・大気結合GCMによる結果を発表した。スーパー計算機は連続五〇日間走って、三世紀近くにわたる期間の空気と海の動きをシミュレートした。結局、彼らのシミュレートした世界の大洋は、まだ完全な循環を示すことができなかった。だが、その結果は現実に近づきつつあり、さらに押し進めようという気にさせてくれた。一方、ボールダーにいるワシントンのチームは、ブライアンのモデルにもとづいて別の海洋モデルを開発し、それを彼ら自身のまったく異なるGCMと結合した。その結果は真鍋とブライアンのモデルに似ていて、満足のいく裏づけとなった。

海洋モデリングは専門分野として認められはじめていた。ある海洋モデル作成者が一九七五年に振り返ったように、かつて「ルイス＝クラーク探検隊の野営地のように寂しい辺境」と思われていた研究プログラムが、「むしろコロラドの金鉱の野営地のような性格のもの」になったのだ。[14] 一つの理由は、計算機の驚くべき進歩だった。同じくらい重要なのは、限られた量しかなかった海洋のデータがみごとに追加されたことだった。一九七〇年代に米国政府が資金提供した大プロジェクト、地球化学的大洋断面研究（GEOSECS）で、研究者のチームが数多くの地点で海水のサンプルを採取したのだ。彼らのおもな関心は、一九五〇年代末期の核実験によって大気中にまき散らされた放射性炭素、三重水素、その他の破片にあった。放射性降下物は世界中の海洋表面に落ちて、徐々に深いところに運ばれていた。その放射能のおかげで、ほんとうに微量でも検出することができる。核爆弾降下物の「トレーサー」（「微量成分」という意味と「追跡できるもの」という意味を兼ねている）は、三次元の海洋循環のおもな特徴すべてについて、正確な地図を作るのに十分な情報を初めて与えてくれた。ついに、モデル作成者は目指すべき現実的な目標を手に入れたのだ。

さまざまなチームが一九八〇年代を通じて海洋・大気モデルを改良し、ときおりそれがCO_2濃度の上昇にどのように反応するか確かめた。その結果は、モデルの限界にもかかわらず、それ以前の大気のみのGCMによる予測に新たな知見を加えるものだった。予想されていたように、海が熱を吸収することで地球温暖化の出現を数十年間遅らせるということがわかったのだ。ハンセンのグループが警告したように、「静観」の方針は判断の誤りだったのかもしれない。大気の温度上昇が明白になるころには、はるかに大きな温暖化をもたらす温室効果が避けられなくなっているかもしれないからだ。[15] それを除けば、ある程度現実的な海洋をGCMに結合しても、将来の温暖化に関する手持ちの予測を変えるようなものは現れなかった。

しかしながらある問題があり、それを認識していた人はわずかだった。CO_2の増加に応じて、計算機モデルは気候の定常的でゆるやかな変化を示した。だがモデルはその構造上、なめらかな変化だけが起こるように設計されていたのだ。現実世界では、何かを定常的に押しつづけたとしても、その物体はしばらくその場を動かず、あるとき急に動き出すかもしれない。一九六〇年代以降、科学者はこのようなことが気候システムにもときどき起こるのではないかと考えており、一九八〇年代には気がかりな新たな証拠がそれを裏づけた。

一九六〇年代にグリーンランドのキャンプ・センチュリーで掘削された長いコアには急速な気候変化をほのめかすものが見られたが、一つの記録だけではあらゆる種類の偶然誤差の影響を受けた可能性があった。ダンスガーのグループは新しいドリルをつくって、二番目の掘削地に向かった。キャンプ・センチュリーから一四〇〇キロほど離れたその場所で、直径一〇センチ、長さ合計二キロメートル以上の輝く円筒が掘り出された。彼らは六万七〇〇〇個のサンプルを切り取り、それぞれのサンプルの酸素同位体の比率を分析した。温度の記録に示されたジャンプは、キャンプ・センチュリーのサンプルに見られたジャンプと密接に一致していた。

一九八四年にダンスガーは、「猛烈な」変化の中で最も顕著なものは新ドリアス期の変動、つまり「かなり短期の、もしかしたらわずか数百年の間に起きた劇的な寒冷化」と一致しているということを報告した。(16) ハンス・エシガーの下で研究しているグループがそれを確証した。氷床掘削の先駆者であるエシガーはこのとき、スイスのベルンにある自宅付近の湖底の粘土層を分析していた。グリーンランドからまったく離れた場所だが、彼のグループは氷の記録ときれいに一致する「劇的な気候変化」を見つけたのだ(17)。

多くの人々は、そのように大規模な変化は局地的で、北大西洋とヨーロッパには影響を及ぼすかもしれないが地球全体に影響はないに違いないと思っていた。北米や南極の記録を見ても、同じ特徴は見あたらない。それでも、氷床掘削者たちが技術を改良するにつれて、誰もが驚いたことに、温度だけでなくCO_2濃度にも大きなステップ（階段）状の変化が発見された。CO_2は何か月かの間に大気全体を循環するので、ステップは突然の世界的な変化を反映しているように思われた。エシガーは特に、別のグループの報告によるグリーンランドの氷コアの最終氷期の終わりのところに見いだされたCO_2の急上昇に驚かされた。

炭素のおもな貯蔵庫は海なので、それが考えるべき最初の場所だった。一九八二年、ブロッカーはベルンにエシガーのグループを訪ねて、北大西洋の循環に関する現在の考えを説明した。エシガーは海の炭素収支がどのように変化させられるのかあれこれ考えたが、なるほどと思えるメカニズムを思いつくことはできなかった。実は、科学者たちはのちに、氷コアに見られた急速な変動は見かけ上のものにすぎないことに気づいた。大気中のCO_2の変化ではなく、塵の層を原因とする氷の酸性度の変化のみを反映していたのだ（実際何かは急速に変化していたのだが、必ずしもCO_2濃度ではなかったわけだ）。でも、そんなことは問題ない。この誤りはすでに役に立っていたのだから。エシガーの憶測によって、ブロッカーは考えはじめたのだ。

博士論文のためにネヴァダ州の昔の湖のあとの盆地を歩き回っていた時代からずっと、ブロッカーは突然の気候のシフトに関心をもっていた。グリーンランドの氷コアについて報告されたCO_2量の急なジャンプに刺激された彼は、この関心を海洋学的な関心と結びつけようとした。その結果、驚くべき重要な計算が得られた。鍵となったのは、のちにブロッカーが「大コンベア・ベルト」と表現した、北へ熱を運ぶ海水だった。その循環のおおまかな性質は、一〇年前にGEOSECSの放射性トレーサー調査によって示されていた。だが、ブロッカーらがその数値を十分詳しく検討して初歩的な計算機モデルを作成したいまになって初めて、何が起こっているのかを完全に把握することができたのだ。大西洋の表面付近を北に向かって徐々に動いている膨大な量の水は、熱の輸送において、目に見えるおなじみのメキシコ湾流と同じくらい重要な役割を果たしている。アイスランド近辺に運ばれるエネルギーの量は「驚異的だ」とブロッカーは気づいた――太陽が北大西洋全体に与える熱の三分の一近くにもなる(18)。もし何かがこのコンベア・ベルトを停止させたら、北半球全体の大部分で気候が変化するだろう。イングランドはラブラドル半島〔カナダ東部ハドソン湾と大西洋の間の半島〕と同じくらい北に位置しており、もし海洋が運んでくる熱がなければ、同じくらい寒くなるはずだ。一九八五年、ブロッカーと同僚二名は次の題名の論文を発表した。「海洋・大気システムは複数の安定した動作モードをもっているだろうか？」彼らの答えはイエスだった。大コンベア・ベルトはあっさりと停止することがあるのだ。

ある意味では、これは発見ではない。二〇世紀の初めにチェンバリンが提案した、もし北大西洋の表層水の塩分濃度が低くなったら循環が停止するのではという憶測の延長なのだ（第一章）。科学的な「発見」の中でまったく新しいものはほとんどない。ある考えが、何かが原因でほんとうにもっともらしく見えるようになったとき、その考えは何気ない憶測から発見に変わる。ブロッカーは確実な数値を計算することでそれを達成した。さらに、そのような循環の停止が実際に起きている証拠を指摘した。地質学的調査から、最終氷期の終わりに北アメリカの氷床が融けていく過程で、それが水をせきとめて巨大な湖をつくっていたことがあきらかになった。この湖の水が急に放出されたとき、海洋に膨大な量の淡水が押し寄せた。どうやらこれが循環の停止と寒冷化を引き起こしたらしい。そのタイミングはちょうどよく、「新ドリアス期」が始まったばかりのころだった。

計算機モデリングのチームは、今度は海の熱塩循環を詳しく調べた。熱と塩分の差を原動力として、北大西洋の水の大きな入れ替わりを引き起こす、世界規模の海水の動きのことだ。彼らはそれがほんとうに不安定だということに気づいた。循環を止めるために大陸氷床の融解は必要ない。たとえば、降雨によって淡水が増えるだけでもつりあいは変わるかもしれない——そしてそれは地球温暖化にともなって起こるかもしれないのだ。一九八五年、ブライアンと共同研究者は、現在の四倍のCO_2濃度で大気・海洋結合モデルを試してみた。すると、海洋循環が止まりそうな兆しが見られた。三年後、真鍋と別の共同研究者は、海洋・大気システムは非常に微妙なつりあいで保たれているため、現在のCO_2濃度においてさえ、もし北大西洋がいまと違う平衡状態におさまり暖かい水の定常的な流れが止まったら、その状態のままでとどまるだろうということに気づいた。

循環の停止はすみやかに起こりうるだろうと信じる根拠があった。その場合、多くの地域で気候に与える影響は、目を見張るようなものとなるはずだ。ブロッカーはまっさきにこの不愉快なニュースを公にした。一九八七年に彼は、われわれは温室効果を「夕食前のもの珍しい話題」として扱ってきたがいまや「人間と野生生物に対する脅威として見なさなければならない」と書いた。気候システム

は気まぐれな獣で、われわれはそれを鋭い棒でつついているのだ、と。(19)

第七章　政治の世界に入り込む

一九六六年ごろ、ロジャー・レヴェルはハーヴァード大学の学生に地球の未来に関する講義をおこなった。学部学生の中に、ある上院議員の息子がいた。アルバート・ゴア・ジュニアだ。レヴェルがキーリングによる大気中のCO_2のグラフを見せたとき、この時点では八年間の上昇を示していたその曲線を見て、ゴアは深く感銘を受けた。温室効果による温暖化の展望は自分にとってショックだった、と彼はのちに振り返っている。「地球はとても大きく、自然はとても強大なのだから、われわれの行動が自然のシステムの正常な機能に重大または永続的な影響を及ぼすことはありえない」というゴアの子ども時代からの推測は打ち砕かれたのだ。(1)

一九八一年には、アル・ゴアは下院議員になっていて、気候変化を科学的議論の世界から政治的論争の舞台に引っ張り出す覚悟は誰よりも強かった。彼は何年にもわたって専門的な問題の最新情報に通じていて、地球温暖化に対する懸念が科学者の間で広がると同じくそれを分かち合った。おそらくゴアはそこに、政治的な好機も見いだしたのだろう。自分は環境問題の急先鋒として、新たに発足した共和党政権の政策が有権者の大半を不安にさせている数少ない領域の一つで、指導力を発揮できるはずだ。

ロナルド・レーガンが大統領に就任したときの政府は環境面の不安を公然と無視していて、地球温暖化もその中に含まれていた。多くの保守主義者は、環境に対する懸念をすべて一まとめにして、企業に敵意をもつ自由主義者の大言壮語として片づけて、政府の規制と世俗的な価値観の拡大の危険をはらむ「トロイの木馬」だと見なしていた。設立されたばかりの国家気候プログラム本部は、ある評者の言葉を借りれば「敵陣内の前哨地」として役立っていた。(2) 新政権は特にCO_2の調査に対する資金を大幅に削減する計画を立てており、そのような研究は不必要だとみなしていた。さらに、大気中のCO_2濃度のモニターに対する支援まで標的にした——この根気強いキーリングの精密な測定では、いまや二〇年以上も容赦のない上昇が続いていた。

ゴアとその他数名の議員は、提案された資金削減に関する議会聴聞会を開いて政府を困惑させようと決心した。聴聞会で、温室効果に対する専門的な説明によって心を動かされた議員がいたとは思われない。だが、一部の新聞がレヴェルやシュナイダーといった説得力のある科学者の証言に注目した。政治プロセスに近い位置にいるある側近者が述べたように、「大衆メディアは、国会議員に科学問題に注意を払うべきだと説得するための最も強力な手段」なのだ。政治家は科学雑誌は読まないものの、新聞のことは「大衆の不安を最初に察知するもの」として信頼していた。(3)

どのような科学的発展が「ニュース」かを決めることとなると、アメリカのジャーナリストは『ニューヨーク・タイムズ』紙からヒントを得る傾向があった。同紙の編集者たちは、専属のベテラン科学ライター、ウォルター・サリヴァンの助言に従っていた。ひょろっとした愛想のいい記者であるサリヴァンは、一九五七年の国際地球観測年以来、地球物理学者の会議によく顔を出し、多数の信頼できるアドバイザーをつくっていた。気候のテーマについて、彼はシュナイダー、ハンセンほか数名の、地球温暖化に警戒心を抱いてこの問題に注目を集めようと決心した科学者たちの話を聞きはじめた。

たとえば一九八一年には、ハンセンがサリヴァンに刊行直前の科学報告書を送った。地球が顕著に暖かくなりつつあることを発表した報告書だ(第六章)。このとき初めて、温室効果が『ニューヨーク・タイムズ』紙の一面を飾った。サリヴァンは、前例のない温暖化が悲惨な海面上昇を引き起こすかもしれないと報じ、世界に脅威を与えた。同紙は論説でもこの件を取り上げ、温室効果は「エネルギー政策の完全見直しの正当な根拠となるにはまだあまりにも不確か」だとはいえ、根本的な政策の変更が必要となるかもしれないということは「もはや想像できない事態ではない」と明言している。(4) エネルギー省はこれに反応してハンセンに約束してあった資金提供を取り消し、ハンセンは研究所から五名を解雇しなければならなかった。

大気の変化に関係するあらゆる事柄が、政治的にデリケートな問題となっていた。たとえば科学者は、硫酸(塩)を放出する煙突から風下に何千マイルも離れた場所の森林を(そして家に塗られたペンキさえも)「酸性雨」がぼろぼろにしつつあると報告していた。環境保護主義者が制限を求めたとき、石炭業界はお抱えの科学者と広告で反撃し、経済発展はよいことであり長期的に損害をもたらすことはけっしてないというイメージを広めようとした。

もう一つの重要な例は、一九八三年のハロウィーンに勃発した論争だった。その日、高い評価を受けている大気科学者のグループが、気候の破局的変化の新たな危険について、核戦争の結果として起こりそうな事態として、慎重にまとめ上げた発表をおこなったのだ。地球物理学においてはよくあることだが、この考えは意外な場所で生まれていた。一九八〇年、地質学者ウォルター・アルヴァレスと彼の父で物理学者のルイス・アルヴァレスは、恐竜の絶滅の原因は地球に衝突した小惑星だと提案した。塵からなる雲と煙が何年にもわたって大気を曇らせて、動植物を凍えさせたのだ。空からもたらされる死、黙示録的な爆発、全世界に及ぶ絶滅というイメージは、冷戦のレトリックが復活したこの時代に生きるすべての人々の心の奥底にある核戦争に対する恐怖と共鳴した。少数の科学者は煙と塵に満たされた大気の影響を試すための計算機モデルを開発して、そしてこのモデルを核戦争に応用することを思いついた。

彼らの計算によると、水素爆弾の応酬のあと、燃え上がる都市から立ちのぼる煤煙は世界的な「核の冬」をもたらす可能性がある――何か月、いや何年も寒く暗い時期が続き、人類の存続を脅かすものだ。これをテーマとして一九八三年に記者会見が開かれた。前面に出てきたのはカール・セーガンで、彼の名声――大気科学者としてというよりも天文学の普及者としての名声のほうがはるかに大きかったが――がテレビカメラを引き寄せた。核攻撃を開始することは、たとえ相手の反撃がなくても、文字どおり自殺行為だということをこの計算が証明しているのではないか？　セーガンと彼の支持者たちはそのように主張し、政治的目的を率直に示した。彼らは、米国が爆弾の備蓄を削減することを要求する大衆運動に勢いをつけることを望んでいた。同時に、一般大衆の想像力に地球規模の気候の破局的変化のイメージをまた一つ積み重ねたのだ。

ほかの科学者たちは科学的論証を疑問視し、レーガン政権は批判者をさんざんこき下ろした。党派間の激しい議論が次に起こった。大きな利害関係がかかわるようになって、理路整然とした世間の議論は、偏向した論戦にしだいに圧倒されていった。塵の影響と大気の壊れやすさを示す計算機による計算は、必然的に国内政治に巻き込まれていた。ある人物の核軍縮に対する意見がわかれば、その人が核の冬の予測についてどう思っているかおそらく予想できただろう。そして、ある人物の政府の規制に対する意見がわかれば、その人が地球温暖化の予測についてどう思っているかおそらく予想できただろう。

大多数の科学者は、政策論争から距離を置こうと努力した。科学界が確実に知っていることと合意できることは何かを述べてほしいと求められたときですらそうだった。そういった助言を提供する際に伝統的に権威があるのは、米国科学アカデミーだった。連邦議会は一九八〇年に科学アカデミーに対して、CO_2増加の影響に関する包括的な調査を実施するように依頼していた。科学アカデミーは一流の専門家によるパネルを任命し、一九八三年、総意をまとめるためのたゆまぬ努力ののちに、パネルの報告がおこなわれた。科学者たちは、温度上昇がもたらすことが予測される環境の変化について「深く憂慮している」と述べた。そして、「われわれはかろうじて想像することしかできなかったかたちで苦境に陥ることになるかもしれない」と指摘した——たとえば、温暖化によって海底堆積物からメタンが放出された場合などだ。だが全体から見て、パネルは慎重に安心感を与えていた。温暖化はおそらくそれほど深刻ではないだろう。そして、一度または二度の温度変化は、過去の人々が十分に切り抜けることができたものだ。パネルは、化石燃料の使用を制限しようとするなどの即座の政策変更はしないようにと助言した。科学アカデミーのおもな勧告は、政府は何かする前に、まずは油断のないモニタリングやその他の研究に対して資金を提供すべきだという内容だった——すなわち、「もっと研究費を増やすべき」ということだ。(5)

三日後、環境保護庁（ＥＰＡ）は温室効果に関する独自の報告を発表した。科学的内容はほぼ同じだが、ＥＰＡの結論の論調はより不安に満ちていた。化石燃料の禁止は、経済的な見地からも政治的な見地からも問題外のようだった。それゆえパネルは温度上昇を防ぐための実行可能な手段を見いだせなかった。大幅な温度上昇が数十年後に起こる可能性もあり、「破局的な」結果をもたらすかもしれない。(6)『ニューヨーク・タイムズ』紙は一面で取り上げた（一九八三年一〇月一八日付）。このＥＰＡ報告は、政府機関が地球温暖化について、記者の言葉を借りれば「理論上の問題ではなくその影響が数年後には感じられるであろう脅威」だと明言した初めての例だった。

政府高官はＥＰＡ報告を人騒がせな内容だと批判して、より安心させてくれる科学アカデミーの報告を指し示した。これぞ見解の衝突の物語で、ジャーナリストが生き生きとした記事を書くために必要とするまさにそのものだった。この記事は新聞各紙で広く報じられ、全国ネットワークのテレビでも取り上げられた。議会聴聞会と広報係を務めた科学者の努力に続いたこの論争が、二つの報告に共通する予測をかなりの割合の市民および政治家に気づかせた。これは公式情報だ。地球温暖化はたぶんやってくる。気候科学者たちは自分が、ジャーナリストや政府機関職員、さらに議員のグループからも、個別指導をおこなうことを要求される立場にいることに気づいた。聞き手はおとなしく席に着き、温室効果気体や計算機モデルに関する何時間にもわたる講義に耳を傾けるだろう。

もし地球温暖化がやってくるとしたら、どのような結果がもたらされるのか？　いくつかの事柄は基本的な物理法則から見てかなり確実と思われ、計算機モデルでも裏づけられていた。科学記者は、一般大衆がこのテーマの記事を少しでも読んでくれた場合に、全地球平均で三度の温暖化とは毎日いたるところで温度計がちょうど三度高い温度を示すという意味ではないということを理解するように気を配った。より暖かくなった世界では、あまり影響を受けない地域もあるかもしれない。だが、前例のない熱波に襲われて、ときには死者の出る地域もあるだろう。目立たない変化としては、空気がより多くの水分を抱えるので、水の循環が強くなるかもしれない。嵐が増えたり、大洪水が起きたり、ひどい干ばつに見舞われたりする地域もあるだろう。

そして、海面が上昇する可能性もある。研究者は西南極氷床の崩壊に関する不安を退けることができずにいた。氷のふるまいについてあまりにわずかしか知られていないため、専門家は確固たる結論で合意することができなかったのだ。ある研究では、二一〇〇年までに崩壊が起こり、二メートルから三メートル海面が上昇するという可能性が示された。大多数の専門家はこれとは意見が異なり、そんなに早く起こるはずがないという計算結果を出していた。とはいえ、今後何世紀かの間に氷床が徐々に解体していくというのは起こりうることで、人間社会にとってたいへんな重荷となりかねない。

それよりは小規模だが重大な海面上昇が二一世紀中に起こりうることが、別の理由から予想されていた。水は熱せられると膨張する。その結果は明白なように思われるかもしれないが、融けつつある氷河についての話がいろいろと交わされるなか、何十年にもわたって誰も別の単純な影響を考えてみたことがなかったらしい。ようやく一九八二年に、二つのグループが別々に計算をおこなった結果として、一九世紀半ば以降に観測された地球温暖化は海洋表層の単純な熱膨張によって海面を大きく上昇させたに違いないと判断した。たしかに一〇センチから二〇センチの上昇があった（その前の数千年間の平均変化よりも一〇倍速い）。膨張だけではそのすべての説明にはなりえなかったので、科学者は残りの上昇分は融けつつある氷河が原因だろうと考えた――世界の小さな山岳氷河の大部分は、実際に縮みつつあったのだ。二一世紀には上げ潮が海岸線を侵食して何百フィートも後退させるだろう、と彼らは警告した。海水は河口に侵入するはずだ。全住民が高潮から逃げることになる。

こうして、地球温暖化が脅威となりうるということと、適切な対応はその研究だということで広く意見が一致した。この件に飽きて、より緊急の問題に目を奪われたマスコミと一般大衆は、ほかのことに注意を向けるようになった。環境科学に対する資金提供は結局それほど大幅には削減されなかったが、増えたわけでもなかった。一九八〇年代の間、米国政府は地球温暖化に直接に焦点を当てた研究に対して、年間わずか五〇〇〇万ドル費やしただけだった。ほかの多くの研究プログラムとくらべると、取るに足らない金額だ。その他の国々が不足分を補ってくれたわけではない。西ヨーロッパからソ連にいたるまで、各国政府は科学全般についても、特に気候科学についても、ほとんど出費を増やさなかった。

政府機関が実際に利用可能な資金のなかで、一部は新たな種類の研究に転用された。気候変化の社会的および経済的影響の研究だ。農業、林業、熱帯特有の病気の蔓延などにどのような意味をもつのだろう？　答えは簡単には出なかった。少数の科学者は、CO_2の増加は全体的に見るといいことだと主張した。特に厳寒のロシアでは、大勢の人々が温暖化を、あるいはとにかく数度ほど暖かくなることを待ち望んでいた。しかし、その後の数十年間で研究内容が正確になるにつれて、長期的にはおもに悪影響ばかりが見いだされた。海が一度か二度暖まるだけで世界中のサンゴ礁の多くが死滅する可能性があることや、熱帯特有の病気が新たな地域を襲うことなどが、徐々にあきらかになってきたのだ。

このような研究には、広範囲にわたる専門分科を結集したアプローチが必要だった。気候専門家は、農業や経済学など数多くの他分野の専門家や政策立案者との交流を始めた。研究者はもはや、地域的な気象パターンという古い意味での「気候」ではなく、地球全体の「気候システム」の研究について語るようになった。気候システムには、急速に発展する人間活動は言うまでもなく、鉱物から微生物まですべてが含まれる。さまざまな分野の専門家が国内的または国際的な研究プログラムに助言する委員会やパネルで顔を合わせることが、ますます頻繁になった。

大学その他の研究機関も同じく、いろいろな分野の研究グループの間の連携を奨励した。計算数学は言うまでもなく、成層圏、火山、海洋、さらに生物学の専門家ですら、気がつくと研究費の資金源も、所属機関も、建物すら共有するようになっていた。また、学際的なテーマに集中した学術会議も、ますます一般的になりつつあった。共同研究は地球物理学だけでなくすべての科学分野において強力な傾向となっていた。研究する問題がよりいっそう多くの複雑な要因にまたがるにつれて、異なる種類の専門知識をもつ科学者が意見やデータを交換したり、ときには直接、何年とまではいかなくても何か月も一緒に研究をおこなったりした。一九四〇年より前は、気候に関する論文で著者が二人いるものはほとんどなかった。一九八〇年代までには、大部分の論文が複数の著者によって書かれ、七、八人の著者がいる論文ももはや意外ではなくなっていた。

だが、このうちのどれも、細分化の問題を完全には解決できていなかった。研究事業が大きくなるにつれて、科学者はますます狭い分野を専門に扱うようにしむけられた。一方、管理する立場からの要請としては、学問分野の間の境界線と、それを支援する政府機関および組織の間の境界線が保たれていた。大部分の論文は、依然として特定の分野の専門雑誌に発表されていた。たとえば気象学者のための *Journal of the Atmospheric Sciences*（大気科学雑誌）や古生物学者のための *Quaternary Research*（第四紀研究）などだ。それと同時に、どの科学者も『サイエンス』と『ネイチャー』を読んでいた。これらの包括的な雑誌は、あらゆる科学分野における最も重要な論文を掲載しようと競い合っていて、そのなかには気候変化と関連するものも含まれた。どちらの雑誌にも専門家によるレビューやスタッフの評論も掲載されていて、科学者たちは自分の専門分野以外に関する最新情報を知ることができた。

米国政府のいくつかの機関の間で研究資金が分散している問題は、一九八三年にNASAが設立した地球システム科学委員会によってある程度は解決された。この委員会のメンバーは、政府機関と専門分科との間における妥協による合意を得て、共同戦線を張った。彼らは全地球規模の変化を研究するための大規模で学際的なイニシアチブを、政府機関の全面的な協力のもとで組織化することに成功した。内部の意見の不一致を克服したのち、リーダーたちは最優先プログラムの短いリストについて合意に達し、合同の威信の重みでリストを後押しした。政府の予算編成担当者と議会は、うまく調整された取り組みを見て満足し、財布を開けてくれた。それと同時に、この委員会は世界中の科学者との間の協力を成し遂げた。気候研究はようやく、さまざまな国々から個別の支援を勝ち取れるほど強力な、独自の国際的組織を手に入れつつあったのだ。

一九七九年にジュネーヴで開催された世界気候会議（第五章）に集まった何百人もの科学者と政府官僚は、気候研究のために特別に設立された国際機関を要求した。世界気象機関（WMO）の政府代表と国際学術連合会議（ICSU）の科学的指導者たちはその勧告に従い、共同で世界気候研究プログラム（WCRP）を開始した。同プログラムは旧地球大気研究プログラムの気候変化に関係する部門を引き継ぎ、そのなかにはジュネーヴの少数のスタッフと独立した科学計画委員会が含まれた。WCRPにはさまざまな部門があり、それぞれがおもに頭文字からなる略称で知られていた（この命名法は、独立した機関から構成される一時的にせよ明確な独自性をもつ組織ということを象徴していた）。たとえば、国際衛星雲気候プロジェクト（ISCCP）はいくつかの国々の気象衛星から流れてくる生のデータを集めて、それをさまざまな政府機関および大学のグループに対して処理、分析、保管の目的で提供した。国連の支援によるこれらの取り組みは、各国、二国間、多国間の気候イニシアチブが絡み合った中の中心とはいえ一本の糸にすぎない。現在では無数の組織が、この活動に参加しようとしていた。

もちろん、この活動の急増はどれも、ほんとうは抽象的実体の成果ではない。これをもたらしたのは少数の人間で、国際利益および環境利益のために尽くした科学者や官僚だった。彼らは政府主導と民間主導の区別をぼかして、準公的な国際会議を組織した。なくてはならない人物だったのはバート・ボリンで、会議の座長を務めたり、報告書を編集したり、パネルの設立を推進したりと大忙しだった。科学者、管理職、外交家としての抜群の個人的能力に加えて、伝統的に中立地域であるスウェーデンのストックホルム大学という所属もボリンにとってプラスに働いた。

最も重要なイニシアチブは、一九八〇年代を通じてオーストリアのフィラッハで気象学者たちを招待して開催された一連の会議だった。一九八五年のフィラッハ会議が転機となった。集まった専門家たちは国際的な総意を次のように発表した。「来世紀前半、人類史上最大の全地球規模の平均気温の上昇が起こる可能性がある」。いつものように、科学者たちはさらなる調査を要求したが、比較的行動主義的な態度もとっていた。政府は行動を起こさなければならない。「気候のある程度の温暖化は過去の行動の結果としていまや避けられないようだが、将来的な温暖化のペースと度合いは政府の政策に深く影響されうるものだ[7]」

フィラッハ会議をはじめとする国際会議は、米国科学アカデミーなどの国内団体が実施した気候変化に関する合意形成のための研究とともに、気候科学者の間の信念と態度の傾向を明確にしていった。ある科学ライターが一連のインタビューを終えたあとに報告したように、「一九八〇年代後半まで多くの専門家は、何が起ころうとしているのかを世界に納得させようと必死だった」のだ[8]。

人間の動機づけが単純であることはめったにないもので、科学者たちの感情的な傾倒の背後には無味乾燥なデータ評価以上の何かが隠されていた。地球温暖化に関する彼らの関心を増大させたのは、みずからの専門分野をきわめて重要と見なすという人間の自然な傾向で、その結果として自分の研究と自分の学生や同僚たちのために資金が十分に与えられるべきだということになる。科学者たちは国内および国際的な行政機関の行政官のなかに味方を見つけて、世界が深刻な問題に直面していることを大勢に納得させた。それは、自分の責任領域の重要性を称賛して多額の予算と広範囲の権力を求めるという官僚の自然な傾向をいっそう強いものにした。何かをする必要があるという証拠が存在するときはいつも、その行動で得をしそうな人々は証拠を認めて政策変更を主張するのが特に早いものだ。

ゴアのようにそれに加わった少数の政治家も同様に、個人的な信念が出世の機会と一致することに気づいていた。

人間の動機を分類してどのような政策行動がほんとうに必要かを決めるための唯一の信頼できる方法は、厳密な科学的結論を探し求めることだった。少数の科学者と官僚はためらいがちに政策変更を提案したが、はるかに多数の人々はよりいっそう大規模の国際的研究プロジェクトを要求していた。WCRPは結構なことだが、あまりにも気象学だけに目が向けられている。一九八三年ごろ、さまざまな組織がICSUのもとで共同して地球物理学と生物学の知識体系をすべてまとめようとする、国際地球圏・生物圏プログラム(IGBP)を生み出した。一九八六年に始まったIGBPは、委員会、パネル、作業部会からなる大きな組織を構築し、学際的なつながりを奨励した。その欠点といえば、シュナイダーが指摘したように、「IGBPは地球のマントルから太陽の中心まであらゆるものの測定やモデル化に同時に取り組むべきだ!」という感情だった。(9)

研究は一九八〇年代末期に、実際に政策の大きな進展をもたらした。気候に関するものではなかったが。一九七〇年代半ばのスプレー缶をめぐる論争以来、科学者は成層圏のオゾン層の破壊を心配してきた。これにより一九八五年、二〇カ国がオゾン層の保護のためのウィーン条約に署名した。文書自体はただ希望を述べただけの無力なものにすぎなかったが、枠組みは確立した。この枠組みはほとんどすぐに役に立った。一九八五年、イギリスのグループが南極大陸上空のオゾン層の「穴」を発見したと発表した。犯人と見られたのはやはりフロンで、アメリカのスプレー缶からは禁止されたものの、いまだにさまざまな用途のために世界中で広く製造されていた。必然的に新たな論争が始まった。

産業団体は自分たちの製品の危険性を自動的に否定し、レーガン政権の官僚は敵意ある環境保護主義者に対して産業界を反射的に支持したからだ。

その否定はつかの間のものだった。それから二年とたたないうちに、化学物質がオゾンを破壊するメカニズムについての新たな理論が南極大陸上空の勇敢な調査飛行によって裏づけられ、専門家を納得させた。皮膚ガンの増加など人々および生物システムの被害という差し迫った脅威は、官僚に衝撃を与えた。その間に、雑誌やテレビが見せる不吉なオゾン減少の地図が一般大衆にメッセージを伝えた。大多数の人々はすべての種類の潜在的な大気の被害を一まとめにしていて、温室効果気体、スモッグ、酸性雨などに続いてオゾン層に対する脅威が追加された。政治家は反応せざるをえなくなった。ウィーン条約にもとづく一九八七年の画期的なモントリオール議定書の中で、世界各国の政府はオゾンに損害を与える特定の化学物質の放出を制限することを公式に誓った。

科学的助言に反応して汚染を制限する国際協定が結ばれたのはこれが最初ではなかった。たとえば、一九七九年には西ヨーロッパ諸国が酸性雨に取り組むための条約〔長距離越境大気汚染条約〕を採択し、自国の硫酸（塩）放出を調査してそれに制限を課すと誓っている。モントリオール議定書は、国際協力と各国の自制についてさらに厳しい基準を定めた。そしてその後の一〇年間で、フロンの放出を減らすことにおいてすばらしい成功をおさめた。オゾン層を保護するためには不可欠なこととはいえ、フロンの制限は気候を救う手段としてはあまり役立たなかった。産業界がフロンの代わりにした化学物質の一部は、それ自体が温室効果気体だったからだ。実はオゾンもそうで、成層圏内にとどめておくと地球温暖化をわずかに増大させることになる。

それと同時に、多くの環境保護主義者は、モントリオール議定書によって定められた前例が温室効果気体の制限への道筋を示してくれるだろうと期待していた。実業家およびイデオロギー信奉者は、そのような規制は経済の妨げであり容認できないと反対した。ところがフロンの規制については、硫酸(塩)その他さまざまな汚染物質の規制と同様に、それを安くすませるための市場志向のメカニズムを考案することが可能だとわかったのだ——長い目で見れば世界経済にとって最終的に黒字になる。

モントリオールでの成功に引き続き、翌年の一九八八年には「変化しつつある大気——地球安全保障にとっての意味に関する国際会議」、通称トロント会議が開催された。この計画は一九八五年のフィラッハ会議で開始されたワークショップから出された。トロント会議は科学者の専門家を招待して実施された会議だ——正式の政府代表が招かれたわけではない。もしそうだったら、意見の一致に至るまでにはるかに苦労したことだろう。トロント会議の報告書は、人間による大気汚染はすでに害を引き起こしており即刻取り組むべきだと結論を下していた。このとき初めて、一流科学者のグループが世界各国の政府に温室効果気体排出削減の厳格かつ具体的な目標を設定することを求めたのだ。そのやり方はモントリオール議定書にならったものだった。国際的な目標を設定し、各国政府にそれを達成するための政策を出させるのだ。二〇〇五年までに放出量は一九八八年のレベルよりも約二〇パーセント削減されるべきだ、と専門家たちは述べた。

一九八八年夏のこの時点まで、地球温暖化は一般的に世間に注目される域にはまだ達していなかった。一九八〇年代が観測史上最も暑い年代だったという内容の複数の報告書も、新聞の内側の面でかろうじて報じられただけだった。大多数の人々はこの問題に気づいてすらいなかった。地球温暖化について聞いたことのある人々はたいていそれをゆるやかな問題と見なし、次の世代が心配する必要があるかもしれないし、ないかもしれないというように考えていた。それでも、オゾンホールや酸性雨などの大気汚染の話や、これらとその他多くの環境問題に関する一〇年間にわたる活動や、地球温暖化に対する強い懸念にゆっくりと変わっていく科学界の意見によって、考えの転換が起こる準備はできていた。不安に火をつけるには、マッチが必要なだけだ。これは知性に訴える問題によくあることだ。関心のある専門家の間でどれほど圧力が高まろうと、世間の注目という爆発を生むには何らかの引き金が必要なのだ。

その機会が訪れたのが一九八八年の夏だった。一九三〇年代のダスト・ボウル以来最悪の熱波と干ばつの連続が、アメリカの多数の地域に壊滅的な被害を与えた。ニュース雑誌のカバーストーリーも、テレビのニュース番組のトップニュースも、無数の新聞記事も劇的な画像や映像を伝えた。干上がった農地、暑さに苦しむ都市、「スーパーハリケーン」、今世紀最悪の森林火災。記者たちは尋ねた。これらすべての原因は温室効果なのでしょうか？　科学者は、個々の気象事象の原因を温室効果に結びつけることはできないと知っていた。だが、その質問が果てしなく繰り返されたというその事実だけのために、多くの人々は、私たちの引き起こした汚染がほんとうにすべての原因なのだとある程度納得してしまったのだ。

このまったただ中に、ハンセンは計算ずくで賭けに出た。上院議員ティモシー・ワースの手配によりハンセンは六月下旬の議会聴聞会で証言をした。注目を集めたい政治家にとって証言するのにふつうの時期とはとても言えなかったが、彼は故意に夏を選んだ。その日、室外の気温は記録的な高さに達していた。そして室内でハンセンは、「九九パーセントの確信をもって」長期的な温暖化傾向が進行中だと明言できると述べ、温室効果のせいではないかという強い疑いを口にした。彼および同じ意見をもった科学者たちは、地球温暖化は生命にかかわる熱波だけでなく嵐や洪水をより頻繁に引き起こす可能性があると証言した。その後に記者と話をしたハンセンは、「言葉を濁すのをやめて、温室効果がすでに始まっているというかなり有力な証拠があることを言うべき」ときが来たと述べた。[10] 熱波と干ばつが続くうちに、記者たちはいきなりトロント会議に押しかけて、その驚くべき結論を顕著に報じた。この話はもはやある大気現象に関する科学的な抽象概念ではない。暑さのために急死した老人からビーチハウスのオーナーまで、すべての人々にとっての現在の危機なのだ。枯れた農作物と燃えている森の映像や画像は警報のように見え、未来に何が控えているのかを伝える予告編のようだった。

マスコミの報道は非常に大々的だったため、一九八九年の世論調査ではアメリカ人の七九パーセントが温室効果について読んだり聞いたりしたことがあると答えていた。一九八一年に聞いたことがあると答えた割合の三八パーセントから大幅に増加しており、科学現象についての大衆の認識としては並外れて高いレベルだ。これらの市民の大部分は「温室効果」とは地球温暖化の脅威を意味すると理解していて、自分が生きているうちに気候変化を経験することになると考えていた。

環境保護運動に携わる人々は、それまで地球温暖化については時折関心をもつだけだったが、いまではおもな論点としてそれを取り上げていた。熱帯林の保護、省エネルギーの推進、人口増加の鈍化、大気汚染の削減のために別々の理由を主張していた複数のグループが一致協力できるようになり、

CO_2放出削減のためのさまざまな方法を提案していった。そこにさらに加わったのは、大企業の威信を弱めるための主張を探していた人々や、大衆の浪費をとがめたいと待ち構えていた人々だった。善かれ悪しかれ、地球温暖化は「グリーンな」問題（環境問題）として確実に認められたのだ。

長期的視点から見ると、そもそもこのようなことが政治的な問題になるのは並外れて珍しいことだった。地球温暖化は目には見えず、ただの可能性にすぎず、現在の可能性ですらなく、何十年後、あるいはそれ以上あとになってようやく現れると予想されていることでしかなかった。その予想の根拠となっている複雑な推論やデータは、科学者でしか理解できない。このようなことが一般的な激しい議論のテーマになりうるというのは、人類にとって驚くべき進歩だった。会話はいろいろな点でより複雑になっていった。これはもしかしたら、知識の着実な蓄積と、豊かな国々の一般大衆がある程度の教育を受けるようになったことのせいかもしれない（このときの若者の大学進学率は、二〇世紀の初めごろの高校進学率よりも高くなっていた）。安定した時代と、平均寿命の何十歳もの意外な延びによって、以前よりも人々は遠い将来について計画を立てる気になったのだ。

トップクラスの政治家が温室効果気体に注意を払いはじめた。おもな理由の一つは、アメリカ国民にたいへんな不安を引き起こしている異常な暑さと干ばつだった。この国の協力は、いかなる合意にも不可欠なものだ（その首都そのものでも、一九八八年の夏は観測史上最も暑かった）。とはいえ、官僚は一流科学者の執拗な警告にも心を動かされていた。イギリスでは、マーガレット・サッチャー首相が地球温暖化を重要な問題と表現し、公的なお墨付きを与えた。ドイツなどヨーロッパ大陸で政治的に強い影響力をもつ「緑の党」からの注目により、この問題の正当性がさらに増した。研究における謎として始まったものが、深刻な国際的外交課題となっていた。

交渉および規制は、(少なくとも部分的には)科学的結論によって方向づけられることになる。それは気候科学者にとって重い責務だった。一九八八年ごろから、気候調査のテーマは科学界そのものの中でもはるかに目立つ存在となっていた。論文の数は急増し、ワークショップや会議があまりにも多すぎて、誰もそのうちの一部しか参加できない。科学界における注目の急上昇は、国民の関心の増大もおそらくその一因だろう。このテーマの研究者は誰でも、資金提供の要望や学生の勧誘や出版において以前よりも話を聞いてもらえるようになった。同様に、気候研究を重要視する新たな動きは科学ジャーナリストによって反映され、科学界から手がかりを得た彼らがその見解を大衆に伝えていった。

それでも、気候変化の研究にフルタイムで専念している人間は世界中でまだ数百名しかいなかった。そして、いまだに多くの分野に散らばっていた。緊急の政策問題の答えを出すために、どうにかして彼らの専門知識を集めなければならない。短い会議で出された報告書では十分な尊重を勝ち取ることができず、特定のグループによる徹底的な究明にもゆだねられない。IGBPなどのプログラムは、ある一連の研究プロジェクトを推進するためだけにつくられたものだ。何か新しいタイプの機関が必要とされていた。

米国政府の保守派と懐疑派は、気候変化を研究するための立派な組織の新設に反対するだろうと予想されていたかもしれない。だが彼らにとっては、この問題を主張してきた個々の科学者からなる国際的パネルのシステムのほうがよりいっそう信用できなかった。もしこのプロセスが同じやり方で続くとしたら、将来のグループは過激な環境保護主義的意見を表明するかもしれない、と懐疑派は警告した。政府代表の管轄下で新しいシステムをつくったほうがいい。それに、複雑で非常に長い研究プロセスのせいで、放出を抑制するための具体的な手段をとる動きは遅れるはずだ。

これらすべての圧力に応えるかたちで、一九八八年にWMOとその他の国連環境機関により、気候変動に関する政府間パネル（IPCC）〔この名称にある「気候変動」は「気候変化」の意味である〕が設立された。それ以前の団体とは違い、IPCCはおもに世界各国の政府の代表から構成されていた――国立研究所、気象庁、科学機関などと強いつながりのある人々だ。厳密な学術団体でもなければ政治団体でもなく、ユニークな混成団体であった。

大多数の人々はこのような国際的イニシアチブの中心的要因にほとんど気づいていなかった。それは、民主主義の世界的な前進だ。国際組織が会議における精力的な自由討議と投票という民主主義のやり方で運営されているという明白な事実は、あまりにも見過ごされがちだ。IPCCもそうであるように、平等、相互和解、共同体プロセスへの献身の精神のもとで話し合われた総意によって決定が下されることが多いのだ（民主主義文化のめったに評価されない一部分である）。もし気候変化を扱う組織の模式図をつくろうとすれば、階層的指揮権にもとづく権威主義的な樹形図ではなく、相互にリンクした準独立委員会がスパゲティのように絡み合った図を描くことになっただろう。

このような組織をつくる中心となったのは自国内のそういったメカニズムに満足していた政府、つまり民主主義政府だったという事実は、重要だがあまり知られていない。幸いにも、二〇世紀の間に民主主義統治の国家の数は劇的に増加して、世紀末には主流となっていた。その結果、民主主義にもとづく国際機関が急増し、世界情勢にいっそう強い影響を及ぼした(11)。これは人間の取り組みのあらゆる領域で見られたが、その原点から国際志向だった科学の分野で最初に現れることが多かった。国際政治の民主化は、ＩＰＣＣおよび同類の組織が立脚した基盤として、ほとんど気づかれないまま支えていたのだ。

それは両方向に働いた。気候研究の国際組織は、第二次世界大戦の余波の中で開放的な共同の世界秩序をつくり上げるために努力した人々の希望をいくらか叶えるのに役立った。ＩＰＣＣが顕著な例だとすれば、ほかの分野でも、疾病対策から漁業にいたるまで幅広く、科学者からなる委員会が世界情勢における新たな影響力となりつつあった。彼らは国籍に頼ることなく、世界の現状に関する意見の支配権を主張することで増大する権力を行使した――現実そのものの認識を方向づけたのだ。科学界が政策に及ぼす国籍を超えたこのような影響は、一九世紀から自由主義者が抱いてきた夢と一致した。そして、対応する疑念を自由主義の敵の中に呼び覚ました。

第八章　発見の立証

出来事の説明が現時点に近づくにつれて、それは「歴史」とは呼べなくなっていき、ほかの何かに似てくる——それはジャーナリズムかもしれない。歴史の記録の中に求められる特別な長所、つまり長期的視野に立った展望と客観的な分析は、だんだんと減ってしまう。筆者も読者も、最近のどの展開が長い目で見てほんとうに重要なのかを見分けるのに苦労する。さらに悪いことに、今日の論争に関する意見が、昨日を見る目をたちの悪い偏見でむしばむ。だから、この最終章は下書きのようなものでしかありえないということに用心してほしい。

一九八〇年代末期までに、情報通の人々は気候変化の問題が最も簡単な二つの手段のいずれによっても解決できないと理解していた。科学者は、心配すべきことなど何もないと証明してくれそうにない。そして、気候が正確にはどのように変化するかを証明して何をすべきかを教えてくれることもなさそうだ。もっと研究費を増やすことは、もはや十分な対応ではなかった（いままで十分に増やされたことがあったわけではないが）。科学者たちは、優れた研究で克服できるような単純な無知によって制限されているわけではなかったからだ。医学の研究者なら一〇〇〇人の患者にある薬を与えて別の一〇〇〇人にほかの薬を与えることで薬の効果を突き止められるが、気候科学者には二つの地球の温室効果気体の濃度を変えて比較することなど不可能だった。彼らにできる最善の方法は、精巧な計算機モデルを作成してガスの濃度を表す数値を変えることだ。それでは、あらゆる人々の生活をどのように改革すべきかを文明世界に納得させるための説得力ある手段とはとても思えなかった。

もちろん、人はすべての重要な決断を不確かな状態でおこなう。あらゆる社会政策や事業計画は推測にもとづくものだ。だが地球温暖化は、科学者がいなければまったく問題になどされなかっただろう。科学者はいま、どうにかして世界の人々に実用的な助言を与えなければならない。とはいえ、証拠と推論という厳密なルールへのこだわりは捨てずに。それがあるからこそ彼らは科学者なのだから。

気候変動に関する政府間パネル（IPCC）は、賢明なる議長バート・ボリンの指揮のもとで活動を開始した。従来のあらゆる国内的な学術パネルおよび会議その他の組織とは異なり、IPCCは科学の専門家だけでなく各国政府の公式代表者として発言する人々も集めた。世界中の重要な気候科学者と政府がすべて参加したことで、IPCCは政策立案者に対する科学的助言の主要な提供源としての地位をたちまち確立した。

IPCCのやり方は、さまざまな科学的問題のそれぞれに取り組むために独立した作業部会を設立するものだった。専門家が最新の研究を活用して報告書の草稿を書き、これをワークショップで十分に議論した。一九八九年の一年間で、IPCCに参加する科学者一七〇名は一ダースのワークショップに参加して、科学的な根拠で誰からも非難されないような声明を作成するために長時間にわたって努力した。報告書の草稿は次に査読のプロセスを通り、世界中の気候専門家のほぼ全員からコメントを集めた。科学者たちは、予想していたよりも容易に合意に達することができた。だが、最終的な結論はすべて政府の代表者によって承認されなければならず、その多くは科学者ではなかったのだ。

各国政府のなかで、強硬な声明を出すべきだと最も雄弁かつ情熱的に主張していたのは小さな島国の代表たちだった。海面の上昇によって領土が地図から消える可能性があると知ったからだ。だが、石油、石炭、自動車の各業界ははるかに強大で、サウジアラビアなど化石燃料の輸出に頼っている国家の政府がその代理をつとめていた。交渉は激しく、ばつの悪い決裂に対する恐れだけが理由で、へとへとになるほど会議を重ねた末に不承不承の合意にたどり着いた。産業界からの圧力を、ほぼすべての見識ある科学者が承認できる声明だけを出すようにとの命令による圧力に加えてかけられたため、IPCCの共同声明は非常に限定された慎重な内容だった。これは正統派の科学というよりも、共通項による保守的な科学だ。しかし、IPCCがその慎重な結論をついに発表したとき、そこには揺るぎない信頼性があった。

一九九〇年に発行されたIPCCの最初の報告書は、世界はほんとうに温暖化しつつあるという結論を下した。その大部分はもしかすると自然のプロセスのせいかもしれないということは認められていた。そして、この変化が温室効果によって引き起こされていると科学者が確信できるようになるにはあと一〇年かかるだろうと（正しく）予想していた。しかしIPCCは、二〇五〇年までに数度の温度上昇が発生する可能性がありそうだと考えていた。報告書には刺激的なことや驚くべきことは何も書かれていなかった。かろうじて「ニュース」と認められる程度の内容で、新聞ではほとんど取り上げられなかった。

IPCCの報告書をさらに詳しく見れば、考えるべき事柄がほかにもあることがわかったはずだ。科学者たちはほかの温室効果気体に目を向けさせようと努力していた。CO_2よりも量は少ないが、それにもかかわらず強力な効果がある。これらのガスの規制は、温暖化のリスクの削減を始めるための経済的に健全な手段となるかもしれない。将来はどうなるかわからないとIPCCが述べたとき、害が及ぶ可能性は無視すべきだということを意味したわけではなかったのだ。

その他のグループは、政府機関から環境保護団体にいたるまで、さまざまな取りうる手段を提案しはじめていた。一九九一年の米国科学アカデミーの報告書では、温室効果による温暖化を緩和することのできる五八もの政策が列挙されていた。その一部は「後悔しない」政策、つまり非常に実用的で地球温暖化問題があろうとなかろうと経済のためになる政策だった。たとえば、政府は商業用照明や家庭用暖房やトラックの効率の改善を促進してもいい。あるいは、化石燃料の無駄な消費を奨励する高い助成金を削減することもできる。ささやかな経費をともなうが貴重な社会的利益によって相殺されるであろう政策もあった。たとえば、自動車での通勤時間を削減する方法を考案して、過放牧による荒れ地に再植林してみてはどうだろう？　いまのところ費用がかかりすぎるが、温室効果気体排出の規制または課税か、あるいはたんなる自暴自棄によってテクノロジーが推進されれば、実際に役立つかもしれないアイデアもあった。たとえば、発電所で燃料が燃やされるときに出るCO_2を分離して、深海または地下に隔離することがいつか意味をなすかもしれない。そして、空想的な提案もあった。化石燃料の代わりに太陽光のエネルギーを蓄えた農作物を利用したり、鏡の小艦隊を軌道上に浮かべて太陽光を反射して地球からそらしたりということはできないものだろうか？

このうちのいずれも、世間の関心はあまり集められなかった。一九八八年に地球温暖化の報道が氾濫したあと、天候がもっとふつうの状態に戻り、編集者が新たなトピックを探すようになるにつれて、マスコミの注目は必然的に減少した。環境保護団体は、地球温暖化について警告して放出制限を主張するために、単発的なロビー活動と宣伝広告の取り組みを続けた。彼らは、化石燃料を製造しているかそれに頼っている業界に敵対され、費用面でははるかに負けていた。業界団体はプロのPR活動を持続して仕掛けるだけでなく、地球温暖化に対抗する行動の必要性を否定している個々の科学者や小さな保守的団体や刊行物にかなりの資金を投入した。この取り組みは、オゾン減損と酸性雨に対する警告を攻撃するために業界団体が使った科学的批判と広告宣伝のパターンにならったものだった。それらの運動は一〇年後か二〇年後には信用を失っていたのだが、偏見のない人々は地球温暖化懐疑論者の話にも喜んで耳を傾けた。

CO_2放出を削減するための押し付けがましい政府規制は時期尚早だと主張するのは、科学的な不確かさを考えれば納得のいくことだった。保守派の人々は、もし何かを実際にしなければならないのなら、長く待ったほうがどうすべきかがよくわかるようになるのではないかと指摘した。また、健全な経済（彼らの考えでは、産業に対する政府の規制ができるだけ少ない状態を意味するらしい）こそが将来のショックに備えた最高の保険になるとも主張した。行動派はそれに対して、損害の進行を遅らせるための行動はできるだけ早く始めるべきだと応じた。たとえ、経済に害を及ぼすことなく気体を制限する方法の経験を得るためだけでも。彼らは政策の変更を最も強く主張したが、それは、熱帯林の保護や化石燃料の使用を推進する政府助成金の廃止などの別の理由によって昔から望んでいたものだった。

行動を起こすことに反対するおもな論拠は、ともかく温暖化の見込みを否定することだった。批判者たちは科学的疑念の正当な根拠を引き合いに出した。それは、科学好きな市民が時折見る、半ば大衆的な記事の中から偶然見つけられるようなものだ。IPCCの全会一致の報告書の試験的な声明ですら、これほど複雑で不確かな問題に対するすべての科学者の個別の見解を表すことはできなかった。一九九〇年代初めの気候専門家に対する調査では、大部分が気候変化に対する自分の理解は不十分だと感じていて、予測は依然として非常に不確かなままだった――IPCCの報告書で示されていたよりもさらに不確かだ（と、少なくとも報道メディアはそう表現していた）。気候専門家の大多数は、重大な地球温暖化が起こりそうだということについては、たとえ証明できなくてもたしかに信じていた。確信の度合いを一〇段階で表したらと尋ねられると、大半は中間あたりの数値を選んだ。地球温暖化などまったく起こらないはずだとかなり確信していたのは少数のみだった。彼らが指摘したように、科学的事実は投票ではわからないのだが。調査対象となった科学者の約三分の二は、万が一に備えて危険を減らすために世界が政策手段をとりはじめることを正当化するのに十分な証拠はすでに手元にあると思っていた。一つの点に関しては、科学者のほぼ全員の意見が一致した。[1] 未来には「驚くべきこと」が、現在理解されている気候からの逸脱が起こりそうだという点である。

温室効果による温暖化は架空の怪物だと一般大衆に納得させたい人々にとって、最初に直面する問題は全地球の温度そのものだった。報道メディアはいまでは、ニューヨークとイースト・アングリアの研究グループ（さらにノースカロライナ州アッシュヴィルのNOAAデータセンターも加わった）が発表した地球の年間平均温度を、かなり目立つように報じていた。一九八八年は記録破りの年だったことがわかった。だが一九九〇年代初めには、全地球平均の温度は一時的に低下した。

少数の科学者は、現実の地球温暖化傾向などというものはなく、一九七〇年代以降の記録破りの暑さの統計は錯覚だと主張した。これらの懐疑論者の中で最も目立つ存在だったのはS・フレッド・シンガーだ。気象衛星などの技術的事業における政府のプログラムを管理した輝かしい経歴の持ち主で、一九八九年に一線を退き、その後は保守的な財団から資金を受けて環境政策グループを設立していた。シンガーはたとえば、気象統計をまとめたすべての専門家グループが、よく知られている都市化の影響の原因をきちんと説明することがどういうわけかできずにいると論じた。ほかの懐疑論者たちは、全地球の温度が少しばかり上昇していることは認めながらも、その上昇は偶然のゆらぎにすぎないと主張した。なんといっても、特に北大西洋周辺では、平均温度のゆるやかな上昇と下降は何世紀にもわたって見られてきた。今後の何十年かの間に寒冷化が起こってもおかしくないのでは？　彼らは温室効果による温暖化を予測した計算機モデルをまったく信じていなかった。

一流のモデル作成者たちも、問題があることは認めていた。たとえば、彼らのモデルは一般的に温室効果気体に対する「感度」が強く、CO_2の倍増に対しておよそ三度の地球温暖化を予測した。少数の批判者が指摘したように、すでに知られている二〇世紀を通しての温室効果気体の増加に対して、モデルは一度の上昇を計算したが、実際に記録された温度はせいぜい〇・五度しか上昇していない。もう一つのいらだたしい問題は、地球温暖化が特定の区域にどのように影響するかというだけの予測で、モデルによって異なる結果が出てくることだった。温室効果によって来世紀の自分の州では雨が増えるのかそれとも減るのかを知りたい議員にとって、これでは役に立たない。一九九二年、八カ国のグループによって組み立てられた一四の大循環モデル（GCM）を比較した大がかりな研究の結果が発表された。例によってGCMの結果は多くの細部において食い違いを見せ、いくつかの点においてはすべてが同じ方向で誤っていた。たとえば、どのモデルでも現在の熱帯が少し涼しすぎた。これは、すべてのモデルが共有する同じ欠陥を反映しているのかもしれない。多数のモデルが集団として見落としてしまっている何かを。もしそうだとしたら、その欠陥は予測全体を役立たずに変えるほどひどいものなのか？

それでもやはり、大部分の専門家はGCMは正しい方向に向いていると感じていた。一四のモデルの比較において、すべての結果が少なくともおおまかには現在の現実の気候と全体的に一致した。さまざまなモデルにCO_2の増加を加えると、だいたい同じような温度の傾向が現れた――特定の地域では違うかもしれないが、全地球平均ではそうなった。現実的な気候モデルで、何らかの種類の温室効果による温暖化を示さないものを構築することは不可能なようだった。

かなりの数の科学者が、モデルはそもそも信頼できないと相変わらず考えていた。マスコミの注目を最も広く集めた専門的な批判は、いくつかの短い「報告書」――ふつうの意味での学術論文ではない――というかたちで一九八九年から一九九二年の間に保守系のジョージ・C・マーシャル研究所から刊行されたものだった。刊行に際して推薦していたフレデリック・サイツは米国科学アカデミーの前会長で、その管理手腕および固体物性物理における過去の業績で高い評価を受けている人物だった。この小冊子そのものには著者名は記されていなかったが、懐疑派の十分に検討された科学的見解が多く集められ、少数の名高い気象学者の口頭での支持によって後押しされていた。報告書では、提案されている政府規制は「米国経済にとってははなはだしく犠牲が大きい」ことを懸念し、説得力を欠く地球温暖化理論にもとづいて行動するのは賢明ではないと主張されていた(2)。

　科学者は、一般大衆がほとんど見落としているあることに気づいていた。それは、地球温暖化の予測に対する最も無遠慮な科学的批判は、定評ある学術誌にはめったに掲載されないということだ。そういった「査読つきの」雑誌では、すべての意見はほかの科学者によって検討されたのちに刊行される。少数の例外を除けば、批判が登場するのは産業団体や保守的な財団から資金を提供されている場や、『ウォール・ストリート・ジャーナル』紙などビジネス志向の媒体に偏る傾向があった。気候専門家の大半は、未来の温暖化が証明された事実でないことには同意しつつも、批判者の反論は怪しげだと感じていた。そういった報告書のことを、誤解を招きかねない「ジャンク・サイエンス（がらくた科学）」と公然と批判する者もいた(3)。科学者の間であからさまな対立が起こったことも何度かあり、個人対個人の激しい口論となった。

　科学ジャーナリストと編集者にとってこの論争は、内容はわかりにくかったが記事の題材としては最高だった。一九八五年から一九九一年のアメリカ国内のマスコミの研究から、新聞やニュース雑誌には気候変化の記事がかなり多く掲載されていることがわかった。テレビでは時折しか取り上げられていなかったが。最も根深く保守的なメディア以外では、記者は温室効果による温暖化が進行中だという考えを受け入れる傾向にあった。悲観的な予測で注目を集めようとするマスコミのいつもの風潮に従って、記事の大部分は激変の可能性を誇張していた。壊滅的な干ばつ、猛烈な嵐、水没した海岸線に襲いかかる大波。(4) ほぼすべての問題を取り上げる際の習慣どおりに対立を強調して、この件が気候科学者と共和党政権の間のたんなる論争であるかのように書く記者もいた。それ以外の多くの記事では、正反対の二つの科学者グループどうしの不和であるかのように報じられていた。新聞と雑誌の記事やテレビのレポートでは、「賛成派」と「反対派」の科学者を一対一で対抗させて人工的なバランスをとろうとすることも多かった。大多数の専門家が共有している合意見解があることを思い出すのが困難になっていた。それは、地球温暖化は確実ではないが起こるものと考えられるというIPCCの控えめな結論だ。マスコミは一九九〇年代初めに一つのことだけは正しく理解していた。大部分の科学者が不確かさを強調しているという事実だ。

地球温暖化の予想に対する批判は、ジョージ・H・W・ブッシュ大統領の政権に強い影響を与えた。この政権はもともと『ウォール・ストリート・ジャーナル』紙のコラムニストによって示されたような見解に同意する傾向にあったのだ。エネルギー省、環境保護庁、国務省(ヨーロッパ諸国の政府からの圧力による)など一部の政府機関は、温室効果気体を禁止する動きを支持していた。だが、政権内のその他の多くの組織では、レーガン政権時代と同様に、この問題がなんとか消えてくれればと願っているだけだった。一九九〇年に不注意で公になったあるホワイトハウスのメモランダムには、地球温暖化に対する懸念に対処する最善の方法は「多くの不確定要素を持ち出すこと」だろうと提案されていた。(5)

不確定要素を持ち出すのは簡単だった。少数の精力的な科学者による懐疑論が、保守的な団体や産業界がスポンサーとなっている刊行物によって大いに広められていたからだ。その先頭に立っていたのは全地球気候連合（GCC）で、石油業界や自動車業界などの何十社もの大企業の惜しみない資金援助を受けた組織だった。俗受けする出版物やビデオをジャーナリストに大量に送り、ワシントンや国際会議での大規模な個人的なロビー活動をおこない、気候変化を心配すべき正しい根拠はないということを科学にうとい指導者たちに説得するのに貢献した。多くの一般大衆も、同じように懐疑的な広告や報道によって十分に説得させられたか、少なくとも十分に混乱させられたので、ブッシュ政権は地球温暖化を防ぐための真剣な手段をとることを遠慮なく避けられたのだ。

米国政府のIPCC報告書に対する断固たる拒絶は、一九九二年に当惑の種となった。世界各国の指導者は、史上最大の会議「地球サミット」（公の名称は国連環境開発会議）をリオデジャネイロで開催する準備をしていた。ほかの先進工業国では、科学的助言と緑の党および環境保護主義の国民からの政治的圧力が組み合わさったことで、地球温暖化に対する深い懸念が当局の中にも引き起こされていた。大部分の国々は、西欧諸国の先導で、温室効果気体の排出の義務的な制限値の決定を求めた。だが、その中にアメリカがいなければ、どのような合意も成功させることは不可能だった。世界一の政治大国であり、経済大国であり、科学大国であり――そして、温室効果気体の最大排出国なのだから。

ブッシュ政権は最も親密な友好国から無責任な汚染者として非難され、いくらか柔軟性を見せた。協議者は意見の相違を取り繕って妥協案をつくり、そのなかには排出削減目標が含まれていた。この条約（正式名称は「国連気候変動枠組み条約」）は、リオで一五〇を超える国々によって署名された。同条約には義務免除やあいまいなところがあり、各国政府が有意義な行動を避けられるような逃げ道が十分に残されていた。だが、政府が最終的にすべきことに関するいくつかの基本原則は確立され、その後の交渉への方向性も示されていた。ブッシュ政権はこれに対応して、費用のかからない多数の「後悔しない」政策でエネルギー効率の促進をはかった。排出削減目標を達成するにはあまりにもささやかすぎる行動だ。ほかの大部分の国々は、それ以上のことをしようと努めよという圧力をほとんど感じなかった。

IPCCの新設により、周期的に繰り返す国際プロセスが確立された。だいたい一〇年に二回、IPCCが最新の研究を集めて、気候変化の展望に関する合意声明を出すことになった。これは国際交渉のための基盤となり、その交渉が今度は個々の国の政策の指針を与えるのだ。それ以上の動きはさらなる研究の結果を待つことになる。要するに、政府がリオ条約に対応したあとは、今度は科学者の出番になるということだ。科学者はいつもどおりに研究課題を遂行し、いつもどおりに研究結果を科学者仲間に向けて発表し、いつもどおりに会議で専門的な点を討論するのだが、官僚にとってこれはすべて一九九五年に予定されている次のIPCC報告書のための準備となる。

計算機モデリングの研究は大きな躍進もないままに進められており、作業は着実にこつこつと続けられていた。あるグループが雲の形成を表現するよりよい方法を見つけ、別のグループが風を計算するより効率的な方法を思いつき、一〇年に一度か二度はそれぞれのグループがどこかの政府機関を説得して、前よりも何倍も速い計算機を買ってもらう。処理能力の驚くほどの拡大のおかげで、いまでは海洋モデルと大気モデルを日常的に結合して全体としての気候システムをかなり詳しく表現することができるようになった。その結果を一定基準で整理された世界中のデータとつきあわせることができるようになったため、研究グループの作業は大いに助けられた。特別に設計された衛星観測機器が、地球に出入りする放射、雲量、その他の不可欠なパラメータをモニターしていた――それによって、たとえば雲が温暖化をもたらす場所と寒冷化をもたらす場所が示されるのだ。

最も重大な科学的進展は、地球規模の気候変化がCO_2だけの問題ではないという認識が増してきたことだった。メタンなどその他の温室効果気体のほかに、人間の活動が大気中の塵や化学的な煙霧などさまざまなエーロゾル粒子の少なくとも四分の一をもたらしていたのだ。これらすべての物質は、直接あるいは雲に対する影響を通じて、地球に出入りする放射にいろいろな効果を及ぼしていた。特に、さまざまな分野の研究者が測定や計算に骨を折っては情報を交換するうちに、硫酸(塩)エーロゾルがかなりの寒冷化をもたらすことで意見が一致しはじめた。

一九九一年、フィリピンのピナトゥボ山が噴火した。アイオワ州と同じ大きさのキノコ雲が成層圏まで噴き上げ、約二〇〇〇万トンのSO_2を送り込んだ。ハンセンのグループは、この「自然の実験」に格好の機会を見いだした。二〇世紀最大の噴火によるエーロゾルの成層圏への注入だ。計算機モデルの厳密なテストになるだろう。彼らは計算により、全地球平均およそ〇・五度の寒冷化を大胆に予測した。それは北半球の比較的高緯度に集中し、二、三年は続くだろう。実際、まさにそのとおりの一時的な寒冷化が観測された――これは、記録的な熱波の中休みとして地球温暖化懐疑論者に希望を与えたものだった。ハンセンの予測の成功は、エーロゾルの影響を把握できるというモデル作成者たちの自信を強めた。

ある専門家がひややかに述べたように、「エーロゾルが無視されていた事実は、おそらく予測がはなはだしく誤っているだろうということを意味する」(6)。「人間火山」は、大量の硫酸(塩)やその他のエーロゾルを絶え間なく放出していたのだ。これがピナトゥボ山の噴火が長く続いたのと同じように働いて、温室効果による温暖化の一部を相殺していたらしい。計算機モデル作成者は、改善されたエーロゾルの理解をGCMに取り入れる作業に取りかかった。その結果は、モデルの誤った「感度」――つまり、二〇世紀中のすでに知られているCO²の増加を計算に入れたときに実際に観測された値の二倍の温度上昇が出たこと――を批判していた科学者の誤りを証明した。モデルはCO²の影響を十分よく計算していたことが判明したのだ。しかし、とうとうエーロゾル汚染の増加の影響を計算に入れることができるようになると、計算された寒冷化は予想される温暖化の一部をたしかに相殺した。一九九五年、改良されたGCMが三つの異なる研究センター（カリフォルニアのローレンス・リヴァモア国立研究所、イギリスのハドリー気候予測研究センター、ドイツのマックス・プランク気象研究所）でつくられ、そのすべてが二〇世紀の温度変化の全般的な傾向を再現した。

温室効果の予測の説得力ある裏づけはほかにもあった。一世紀以上前、アレニウスは基本原理にもとづいて、温室効果は夜に（地球からの熱が最も急速に宇宙空間に逃げる時間帯に）最も強く作用するだろうと考えた。たしかに統計値から、全世界的に特に夜が暖かくなってきたことが示された。そのうえ、アレニウスとその後のすべての人々が、北極圏は（雪と氷が融けて黒い土壌と水が露出するので）地球のほかの場所よりもよく暖まるだろうと計算してきた。この効果は科学者にとって、スウェーデンで山岳の草原が木々に覆われ、北極海の海氷が薄くなっていくのを見れば、まぎれもなくあきらかだった。アラスカやシベリアの住民は統計など見なくても、永久凍土層が融けてそれに支えられていた建物が沈下するのを見て、気象が変化しつつあることを知っていた。

この問題をさらに精巧な手段で追求した計算機モデルは、温室効果気体が引き起こす地域ごとの温度変化のパターンを予測した。それは、ほかの外部の影響（たとえば太陽の変動）によって引き起こされそうなものとは異なっていた。観測された地理的なパターンは、ＧＣＭによる温室効果の分布図とおおまかに似ていた。これは待望の温室効果の「指紋」、つまりモデルが予測したことが起こっているという有力な証拠だった。ＩＰＣＣが次の報告書の作成に取りかかったとき、これらの結果は強い影響を及ぼした。多数のワークショップと論文のやりとりの中で、専門家は多種多様の証拠や計算をじっくりと調べた。だが、彼らに最も感銘を与えたのは、ＧＣＭがエーロゾル汚染をその他多くの要素に加えて取り入れたために、今世紀の実際の全地球の温度傾向との間に説得力のある詳細までの一致を示したことだった。

約四〇〇名の科学者とさまざまな政府や非政府団体の代表者による分析、交渉、ロビー活動がふたたびへとへとになるほど繰り返されたのち、一九九五年にＩＰＣＣはその結論を世界に伝えた。報告書から広く引用された一文は次のとおりだった。「証拠の比較検討から、全地球の気候に対して識別しうる人間の影響が存在することが示唆される」。この巧みな言い回しには最初の草稿の表現を和らげた政治的妥協の努力があらわれているが、そのメッセージは間違いようがなかった。『サイエンス』誌が述べたように「これは公式発表だ」――「温室効果による温暖化の最初の兆し」が見えたのだ。[7]

このＩＰＣＣ第二次報告書では、CO_2濃度の倍増――これは二一世紀半ばごろに予測される――が平均温度を一・五度から四・五度の間あたりまで上昇させると推定されていた。これはまさに、ＩＰＣＣ第一次報告書とその他のグループによって一九七九年以降に発表されてきた数値の範囲だ。一九七九年に、米国科学アカデミーのチャーニー委員会が三度プラスマイナス一・五度を妥当と思われる推定値として発表したのだ（第五章）。それ以来、計算機によるモデリングはたいへんな進歩を遂げてきた。最新のシナリオでは、実は五・五度程度まで上昇するといういくらか異なる範囲の可能性が示されていた。だが、こういった数値の意味は最初からあいまいだった。これらが表しているのは、ある専門家グループが理にかなっていると考えたものでしかない。一九九五年のＩＰＣＣ報告書を書いた科学者たちは、矛盾を批判されるきっかけを与えるよりも、チャーニー委員会のおなじみの数値を動かさないことに決めたのだ。数値の意味は目に見えない程度に変化していた。専門家は、温暖化が実際にこの範囲でおさまることをさらに強く確信していたのだ。これは、ＩＰＣＣのプロセスが科学と政治をほとんど分離できないほど慎重に合体させていることを示す際立った証明だった。

半分眠っていた国民的論議は、一九九五年末期に活気を取り戻した。ＩＰＣＣが、世界はほんとうに温暖化しつつあり、その温暖化の少なくとも一部は人類が原因だろうとの合意に達した、というニュースが流れたからだ。[8] 多くの科学者が何年間もそのように述べていたとはいえ、世界中の専門家の集まりによる正式の声明はこれが最初だった。このニュースはいたるところで新聞の一面を飾り、すぐさま画期的な出来事として認められた。ジャーナリストにとってはさらに望ましいことに、この記事は不快な論争を引き起こした。少数の批判者が、ＩＰＣＣの一部の科学者の個人的な誠実さに疑いを投げかけたからだ。

大多数の国々の政府は、以前よりもさらに進んで反応した。アメリカでは、ビル・クリントンが一九九三年に大統領に就任したあとで、アル・ゴア副大統領などが大統領を説得してリオ会議での温室効果気体の削減目標を達成することを正式に確約させた。だが、保守派はワシントンの政界において優勢な影響力を保っていた。有力な保守派の人々の多くは環境問題に向けられたどのような研究もあざけるだけでなく、国連およびその国際協力プログラムについて深い不信感を抱いていた。このような熱心な反対者に直面したクリントンとしては、自分の任期の間には重大な事態になりそうにない問題に限られた政治資金をつぎ込むのは気が進まなかった。

批判も当局の無関心も、国際プロセスが取り決められた予定に従って突き進むのを止めることはできなかった。リオで導かれた合意は新たな会議につながった。一九九七年に日本の京都で開催された国連気候変動枠組み条約第三回締約国会議〔COP3〕だ。六〇〇〇名近くの公式代表者とさらに何千名もの環境団体および産業界の代表者が参加し、そこに大勢の記者が群がって、政策とマスコミがテーマの一大イベントとなった。アメリカの代表者は、工業国が一九九〇年のレベルまで徐々に排出を削減していくことを提案した。その他の多くの政府は西欧諸国を先頭に、より積極的な行動を要求した。しかし、石炭の豊富な中国とその他の大部分の発展途上国は、すでに工業化された国々に経済が追いつくまでの規制免除を要求した。温室効果の議論はいまや、工業国と発展途上国の間の公平性と力関係にかかわる手に負えない問題と絡み合っていたのだ。さらに障害となったのは、地球温暖化によって失うものが最も大きいグループ——貧しい人々と未来の世代——は合意を強行するための力が最も小さいという点だった。失望と疲労のなか、交渉はほとんど行き詰まりそうになった。だが、IPCCの結論を無視することはできない。多くの指導者の献身的な努力は、米国副大統領アル・ゴアの劇的な介入によって締めくくられた。ゴアは最終日に京都に飛び、妥協案を強引に通過させたのだ――それが京都議定書だ。この合意ではさしあたり貧しい国々は義務を免除され、豊かな国々は二〇一〇年までに放出量を大幅に削減することを誓約させられた。

この合意によると、各国政府は誓約を具体的な政策に組み入れることになっていた。その可能性を妨害するために、アメリカ国内では大手生産企業からなる全地球気候連合が何百万ドルもかけたロビー活動と宣伝活動を仕掛けた。この取り組みは、依然として温度の統計と計算機モデルに疑問をもつ少数ながら相当数の科学者にも助けられたが、おもな主張は政治的なものだった。保守派の人々は規制がアメリカ人に経済的災厄をもたらすと叫び、京都議定書は世界経済をくつがえして規制免除の発展途上国の手にゆだねるものだと警告することでナショナリズムに訴えた。彼らは忍び寄る「炭素税」の影を恐ろしげに指摘した。これはCO_2放出に対する課税で、ガソリン価格の上昇につながる――アメリカ人にはおそらくとても耐えられないはずだ（たとえばヨーロッパ人なら耐えられるとしても）。二極に分裂した議論のなか、温室効果による温暖化を防ぐためのより巧妙なアプローチが可能だということはほとんど誰も言わなかった――有効でありながら政治的にも受け入れられるかもしれない方法が。

京都に各国代表が集まる前ですら、アメリカ上院は発展途上国に制限値を設定しない条約を拒絶することを九五対〇の票決によって宣言していた。その後、条約が上院の承認を得るために提出されたことは一度もなかった。連邦議会は、京都議定書の目標達成に近づくために役立つような政策変更の実施を、ほとんど議論せずに断った。このことはほかの国々にいつもどおりビジネスを続ける口実を与えた。それでも、たとえ京都議定書の取り決めがより積極的に受け入れられてもそれは始まりにすぎなかっただろうという点は、議論の賛成派も反対派も指摘していた。あまりにも多くの妥協と、基準と施行を定めるためのあまりにも多くの未検証のメカニズムが含まれていたので、この取り決めでは排出削減どころか、排出の安定化を強制することもとうていできなかったはずだ。

したがって、ここでふたたび科学者の出番だった。少数の懐疑論者は相変わらずさまざまなもっともらしい専門的批判を述べていて、研究を多方向に刺激した。特に影響力をもった批判は、マーシャル研究所の報告書によって広く宣伝されたもので、二〇世紀の地球温暖化の（そもそも温暖化が存在したとして）最もありそうな原因は太陽の活動の一時的な増加にすぎないという主張だった。

実際、一九世紀以降の温度の上昇、低下、上昇の奇妙な動きと厳密に一致させるためには、CO_2とエーロゾル以外の何かが必要だった。太陽黒点やその他の指標により、太陽の活動が同じような傾向で変動していることがはっきりと示された。ジャック・エディーが概略を述べたような太陽との関係が、だんだんもっともらしく思われてきたのだ。たとえば、一九九〇年代の衛星観測の分析から、全地球の雲量は太陽の活動が弱い時期にかすかに増加していることがわかった。少数の科学者はそのような結果をもたらすメカニズムを提案した。宇宙線または紫外線が、水滴の形成やオゾンに及ぼす効果を含む複雑なプロセスだ。GCMによる実験の結果、このようなごく小さい変化ですら、成層圏の化学成分と微粒子を低層の風と結びつける不安定なフィードバックサイクルに干渉することによって、ほんとうに違いを生むのかもしれないと示唆された。真のメカニズムがどんなものであれ、大部分の科学者は、気候システムは非常に不安定なため太陽放射のわずかな変化が重大なシフトを引き起こすかもしれないということを認めるようになった。大半の専門家がいまでは、一八八〇年代から一九四〇年代までの温室効果気体の放出がまだ少なかった時期の温暖化傾向について、原因の少なくとも一部は太陽の活動が強まったことによって起きたようだと考えていた。

太陽の影響の範囲は、あるおおまかな限度を設定することができた。平均的な太陽の活動は、一九八〇年代と一九九〇年代の間はそれまで以上には増加していない。けれども、一九七〇年代から始まった全地球的な温度上昇は、一九八〇年代を通じて続いていた。一九九〇年代は、ピナトゥボ山の噴火によるエーロゾルが大気から洗い流されると、温度の上昇は加速した。この状況を温室効果気体を引き合いに出さずに説明することはむずかしくなりつつあった。太陽の変動が気候に影響しているという主張の意味が、今度は逆になった。もし地球が太陽から届く放射のわずかな変化にそれほど極端な感度で反応するのなら、放射が大気に入り込んだあとの温室効果気体の干渉にも敏感なはずだ。一九九四年の米国科学アカデミーのパネルは、もし太陽の放射がいま、一七世紀の小氷期と同じくらい弱まっても、その影響はわずか二〇年分の温室効果気体の蓄積によって相殺されるだろうと推定した。ある専門家が説明したように、小氷期は「予想される未来の気候変化にくらべれば、たんなる一時的ゆらぎにすぎなかった」のだ。(9)

このような温暖化の予測は計算機モデルに完全に頼っていた。この点に、批判者は疑いを抱く強い根拠をいまだに見いだしていた。最高のGCMはいまでは現在の気候を再現することができるが、だからといってまったく異なる未来の気候の信頼性の高い予測が可能だと保証できるわけではない。モデルが現在の気候を正しく表せるのは、一致させるために入念に「チューニング」されているからにすぎず、さまざまな任意のパラメータの値が調整されているからだ。懐疑的なままでいた少数の科学者はこの問題を一般大衆の目にさらし、モデル作成者たちは結果をごまかしていると言って非難した。だが、この主張は専門的すぎてあまり注目を集めることができず、大部分の論争は科学雑誌や会議のなかでおこなわれた。

そういうわけで、たとえばマサチューセッツ工科大学の一流の気象学者リチャード・リンゼンは、水蒸気のフィードバックを可能にしたモデル作成者の方法に異議を唱えた。このフィードバックは、暖かい大気ほど多くの水蒸気を含み、それが温室効果を増幅するだろうというもので、温暖化の予測の決定的な部分だった。リンゼンは、大気の層の間を水分が上下に運ばれる方法の変更を含む、代わりのシナリオを提案した。リンゼンの詳しい主張は複雑だったが、彼は自分の思考は単純な哲学的信念にもとづいていると述べた。つまり、長い目で見れば自然の自己調整がつねにまさるはずだということだ。リンゼンの専門的な主張に説得力があると思った科学者は、ほとんどいなかった（そしてリンゼンが化石燃料団体から顧問料を受け取ったという事実は、彼の信頼性を高めるものではなかった）。証拠の大部分は、モデル作成者が水蒸気を扱っている方法について、けっして完璧ではないがそれほど大きく外れてはいないということを表していた。

内部の人間からのもう一つの批判は、モデルがきわめて重大なテスト——現実の異なる気候とつき合わせるテスト——を試みられて、失敗した点だった。かつて一九七六年に、海洋学者たちが協力してCLIMAPという大規模なプロジェクトを実施し、最終氷期の最盛期の状況に関する情報を七つの海に探し求めたことがあった。海底から採取した有孔虫の殻の測定をもとにして、およそ二万年前の海水温を示す全地球の地図がつくられた。CLIMAPのチームは、最終氷期の最中に熱帯の海は現在よりわずかに冷たいだけだったと報告した。このことから、気候は温室効果気体などの外部の力に対してモデル作成者が思うほどほんとうに敏感なのかという疑惑がもち上がった。さらに、最終氷期の間も海は暖かいままだったのに対して、高いところの大気はいまよりもはるかに冷たかった。これは、たとえばニューギニアとハワイの山の上で発見された低い標高の昔の雪線によってあきらかだった。そして、どれだけGCMを調整しようと、標高に対するこれほど大きな温度の差を示すようにすることはできなかった。基本的な欠陥があるのだろうか？

一九九〇年代末期にこの問題はほとんど解決された。当てにならないのは計算機モデルではなく、海洋学者によるデータ処理の複雑な手続きだったのだ。いろいろな新しい種類の気候指標から、氷期の熱帯の海水はいまよりもかなり冷えていて、もしかしたら三度以上も温度が低く、GCMとだいたい一致することがわかった。議論はさらに続いた。さまざまな種類の気候記録の間に食い違いがあったからだ。しかしほぼすべての科学者は、計算機モデルは信頼できる予測をするのに十分なほど忠実に実際の気候プロセスを再現していると確信するようになっていた。

モデルがいまだに立ち向かうことのできない多くの問題が残っていて、初歩的な近似によってそれに対処する必要があった。たとえば、雲の効果について、放射、水滴、エーロゾルの間の相互作用を基本原理から計算することができないので、モデル作成者は平均のパラメータを使った。二一世紀が始まっても、専門家はまだ雲の変化を含むいろいろな微妙なメカニズムについて推測していた。このメカニズムがモデルの予測に重大な影響を与えるかもしれないのだ。たとえ微粒子が雲と放射にどのように影響するかが正確にわかっても、そもそもどのような微粒子が存在しているのかを知らなければならない。それは、いろいろな汚染物質から微粒子がつくられる大気の化学についてもっと学ばなければならないことを意味した。汚染物質は大部分が大ざっぱに測定されているだけで、しかも毎年変わるのだ。さらに悪いことに、海洋学者はまだ、海の熱が層から層へどのように上下に運ばれるのかという謎を解明していなかった。現実のプロセスを観察して方程式で表すことができるようになるまで、海洋循環が計算機の計算結果とは根本的に異なる何らかのかたちに変化しうるというリスクは残る。最後に、完璧な大気のGCMが、完璧な海洋循環モデルと結合されたとしても、それは始まりにすぎない。一つの理由としては、植生のモデルとも結合されなければならないのだ。

一九九〇年代半ばまでに、科学者たちは植生の変化によって局地的な気候が変わりうるという説得力のある証拠を見つけていた。いくつかの地域では、過放牧によって土壌が乾き切った牧草地は、それほど利用されていない牧草地よりもあきらかに暑くなっていた（さらにその熱が、草がよみがえるのをますます困難にする）。木々を切り払われた熱帯雨林の一部には、降水量に測定しうる減少が見られた。木の葉から蒸散する水分が空気中に戻ることがもうないからだ――ブラジルでは、雨は鋤から逃げていった。さらに、もし地球温暖化によって森林がさらに北に進出したら、黒いマツの木々は雪に覆われたツンドラよりも多くの太陽光を吸収するので、空気が暖められて地球温暖化が増大するということも指摘された。どのような方法で植生が変えられようと、直接的な人間の作用であれ気候のシフトによるものであれ、強いフィードバックにより永続的な自動継続の変化がもたらされる可能性があった。

一部の科学者は、生物のフィードバックは不安になるべきものというより安心すべきものという古い見かたをつらぬいていた。大気中に増加したCO_2による肥料効果は農業や林業のためになるので、気候変化によって起こりうるどのような害も埋め合わせるはずだと主張したのだ。調査結果からは、この地球全体としては、生物がほんとうに何十年か前よりも多くのCO_2を全般に吸収していることがわかった。しかし、その結果は単純ではなかった。たとえば、ある状況のもとでは、CO_2が増えることは望ましい農作物よりも雑草と害虫に役立つかもしれない。いずれにせよ、CO_2濃度の上昇が続くにつれて、植物はやがて（それがいつになるかは誰も予測できないが）それ以上の炭素を肥料として使うことができないポイントに到達するだろう。さらなる暖かさがいつかは分解を促進して、正味で温室効果気体を放出することになる可能性は十分にある。一方では、海の生物相もやはり著しく変化しうることが新たな証拠から示された。漂流するプランクトンの生態系は、熱帯雨林と同じくらい複雑なのに生物学者によって調査されることはほとんどなかったが、CO_2の取り込みや放出と強く相互作用する。このすべてをモデルに取り入れなければならなかったのだ。

地球のシステム全体は非常に複雑なため、最初から続く古い謎――氷期はどのように始まり、どのように終わったのか？――は未解決のままだった。地球システムには、巨大な氷床の成長と融解のダイナミックスや植生と海洋の生物地球化学の変化を含み、そのすべてが温室効果ガスと相互作用しているつりあいがある。太陽光のかすかな変化は、そのつりあいを傾ける、最後のわずかひと押しにすぎなかったのかもしれない。いまや人々がGCMについて話すとき、もはやそれは天気のための伝統的な方程式からつくられた大循環モデル（General Circulation Model）のことではなかった。いまではGCMは全地球気候モデル（Global Climate Model）または全地球結合モデル（Global Coupled Model）という意味すら表し、大気の循環以外に多くの事柄が組み入れられていたのだ。

モデル作成者はこれらの要因の多くについてあまり知らなかったが、モデルのパラメータを十分に調整すれば、最も重要な力すべてをなんとか考慮に入れることができるように思われた。多くのモデルが、北極と熱帯、海洋と砂漠、冬と夏などの異なる条件に対して、一致して合理的な結果を得るようになったからだ。いまでは、火山の大噴火のあとや氷期の間についてさえ、地球の様子をかなりうまく再現できるようになっていた。このすべてによって、未来の変化に関する気候モデルの不穏な予言がとんでもない間違いだということはありえないという確信が高まった。すべてのモデルが隠れた欠陥を共有している可能性は残っていたが、もしそうだとしても、モデル作成者が計算を試みた条件を超えるほどに温室効果気体が気候を変化させてしまうまでは、姿を表しそうになかった。モデルの欠陥の可能性は、一部の批判者がほのめかしたような、地球温暖化について心配する必要はないという意味にはつながらないのだ。ブロッカーとその他多くの人々が指摘したように、もしモデルに欠陥があったら、将来の気候変化は予測よりもよくなるのではなく、悪くなりかねない。風、海、氷床、森林などの相互作用があまりにも不安定なため、科学者が未来の気候を確実に予測することは不可能なのかもしれない。気象学者が一年後の雨の日を予測できないのと同じことだ。

それでも、次の世紀あたりの気候を予測するという地味だが重要な問題に関して言えば、二一世紀が始まる前にモデル作成者は合理的に考えて何が起こりそうかを自信をもって明言することができた。一ダースのチームによる研究が長く続けられた結果、答えは集中してきていた。批判者として最も著名な科学者ですら、遅かれ早かれ温室効果の気配を感じられるはずだということを黙って認めた。古い予測は本物だった。CO_2濃度の倍増によって平均温度が上昇することはほぼ確実で、一度程度のプラスマイナスはあってもおそらく三度ほど上がるだろう。

異なるGCMによる地域ごとの予測は相変わらず食い違っていた。北極圏の高い気温など、かなり確実に見えることもあった（そういった温暖化はあまりにもあきらかで、もはや予測とはとても言えなかったが）。しかし、地球上の人間居住地域の多くについては、干ばつに備えるべきか洪水に備えるべきか、どちらもなしかあるいは両方か、地方自治体がモデルから信頼のおける情報を得ることはできなかった。けれども、気象の原動力である熱と水の循環する量はふえるので、より強い嵐や大きな洪水やひどい干ばつが世界中で見られそうだとは思われた。さらに確実なのは、すでに大気中にある熱が深海に入り込んでいくはずだということだった。水は熱せられると膨張するため、海面が上昇することを否定するのは困難だ。二一世紀末期までには、ニューオーリンズからバングラデシュにいたるまでの沿岸地域が日々の生活に深刻な困難をきたし、時折悲惨な高潮に襲われるだろう。現在何千万もの人々が住んでいる低地は消え失せてしまいそうだ。その後の世紀で事態はさらに悪化する。たとえ地球温暖化が止まっても、熱は引き続きさらに深海へと徐々に入り込んでいき、海水準はますます高く上がり続けるからだ。

大多数の政治家は、多くの緊急の要求への対処を求められるなかで、こういった問題にはほとんど目を留めずにいた。世論の圧力がないかぎり、短期の産業的利益に逆らうつもりはなかったのだ。だが、地球温暖化をめぐる議論は、大部分の政治的論争と同様に、長期間にわたってはマスコミを動員しなかった。論争と論争の間に、この問題は世間の注目から消え去っていた。政治家はこの件を扇動することで得るものは少ないと考えた。ゴアですら、二〇〇〇年の大統領選の選挙運動の間は、地球温暖化について手短かに触れただけだったのだ。

世界中の映像製作者は、気候変化がほんとうは何を意味するものなのかを示す鮮明なイメージを大衆に示すことができずにいた。数十年前は核戦争の脅威に対する反応として一流の小説や映画がすべての人々の注目を集めたものだが、今回はそのようなものは何もなかった。地球温暖化は一握りのSFのペーパーバックやB級映画で取り上げられているだけで、そのなかでは科学的に怪しい巨大な嵐や極端な海面上昇が陳腐なアクションストーリーの背景をつとめていた。一般大衆は、現実的に私たちを悩ませるかもしれない苦難について、説得力があって身にしみて感じられる話を一度も提供されていなかったのだ。世界中の山々の草原やサンゴ礁のみじめな荒廃、農作物の不作によりますます悪化する貧困、熱帯特有の病気の侵入、水没した沿岸地域から押し寄せる何百万もの難民。

時折、科学記者が記事になりそうなニュースのネタを見つけることもあった。たとえば、統計を編集しているグループが一九九五年が地球全体として史上最も暖かい年だったと発表したときや、一九九七年にその記録が破られたときや、一九九八年にさらに記録が破られたときには、マスコミは軽く注目した。だが、その衝撃は弱かった。温暖化が最も顕著なのは、遠く離れた海洋や北極地方だったからだ。小さいが重要ないくつかの地域――特に、主要な政治とマスコミの中心地を抱えるアメリカ東海岸――は、二〇世紀末期にほかの地域であきらかだったような温暖化はまだ経験していなかった。

公式の調査報告書はそれぞれ一時的に脚光を浴びるが、その注目が翌日以降も続くことはまれだった。記事はむしろ印象にもとづいて書かれ、目に見える事柄を扱っていた。たとえば、小さな国と同じくらいの大きさの氷が南極大陸から分かれて流れ出したときだ。全地球の気候変化について触れられるその他の機会は、熱波や洪水や大しけのレポートの中で、特にその出来事による被害が最近の記憶のなかで最も大きいときだった。実際には、こうして広く報じられた天災は、どれも地球温暖化とは無関係だったのかもしれない。だが、科学者が信じていることを象徴的に伝えてくれたのだ。一九九〇年代末期には、地球温暖化を示す多くの種類の正当な指標が存在していた。たとえば、北半球の春は一九七〇年代よりも平均して一週間早く訪れるようになっていた。

さまざまな新たな証拠から、最近の温暖化はたとえ何世紀も前までさかのぼってみても異常な状態だということが示された。昔の温度は、初霜や収穫などの出来事の記録から推定するか、木の年輪やサンゴ礁などの分析から引き出すことが可能だった。広範囲にわたる取り組みの一例は、アンデス山脈とチベットの空気の薄い高地で作業をして熱帯の氷冠を掘削した一連の勇敢な調査旅行だ。ここでもまた、最近数十年間の温暖化は過去何千年もの間に見られたどの温度上昇をも上回ることがあきらかになった。それどころか、最終氷期からもちこたえてきたこの氷冠そのものが、科学者が測定できないほど速く消え去ろうとしていた。過去一〇世紀の温度の推定値をまとめたグラフはあちこちに転載され、そこに示されている温度は産業革命の開始後に急に上向きに転じていて、特に最近の数年間の上昇は顕著だった。どうやら一九九八年は二〇世紀で最も暖かい年というだけでなく、過去一〇〇〇年間でも最も暖かい年だったらしい。

一般大衆は、一九九〇年代に気候科学者を最も驚かせた新事実にほとんど気づいていなかった。最初のショックは、グリーンランドの氷の台地の中央からだった。アメリカとヨーロッパの新たな共同

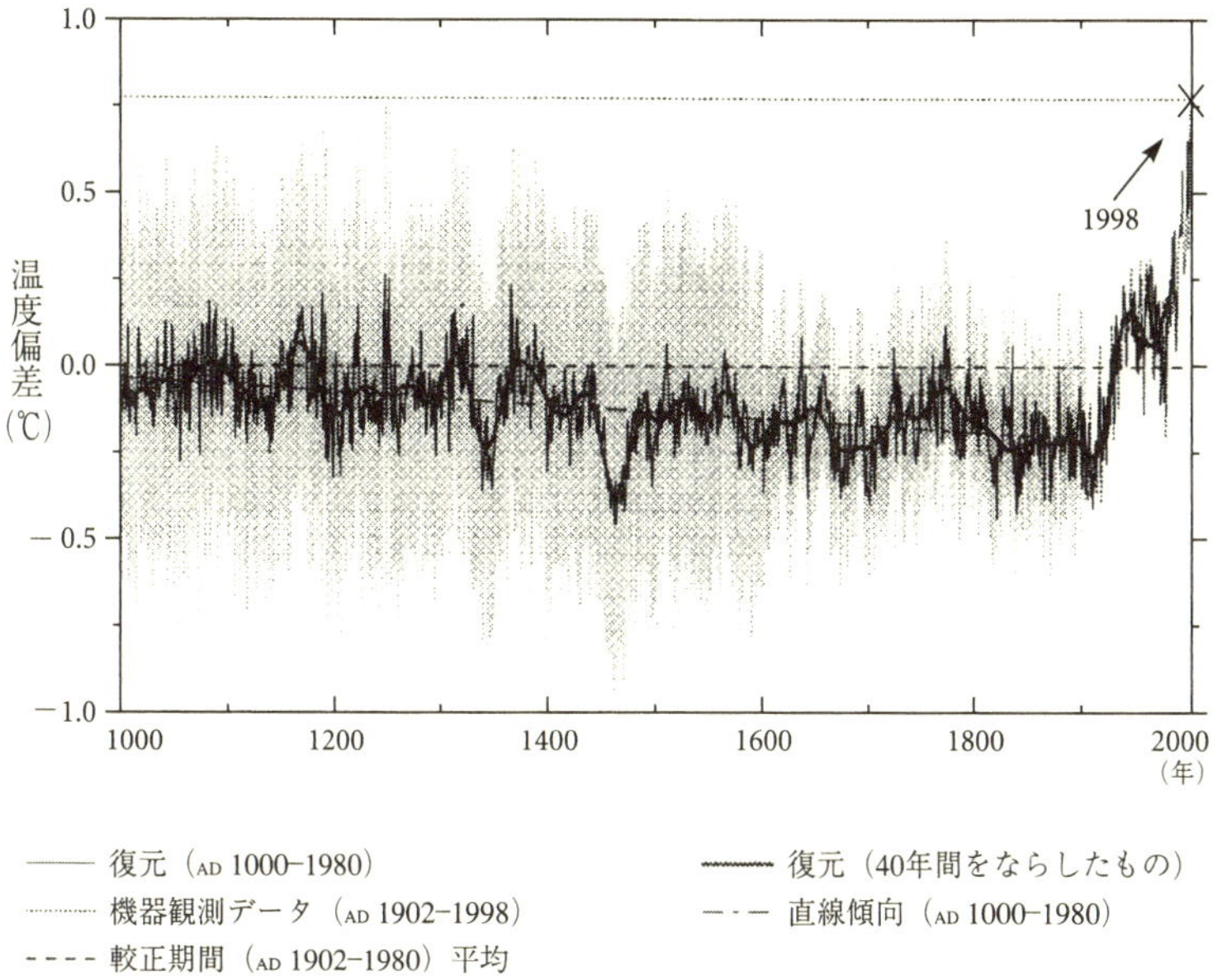

図3　全地球温度の近年の空前の上昇

「ホッケースティック曲線」のグラフ．過去1000年にわたる地球全体の温度の平均値を復元したものと，過去1世紀の温度の測定値．破線は下降ぎみの傾向をたどるが，その傾向がまさに温室効果気体が急増した時期にあたる最近の数十年には続いていない．（M.Mann et al., *Geophysical Research Letters* 26, p. 761, 1999, © 1999 アメリカ地球物理学連合，許可を得て転載．）

研究プログラムを実施するという当初の希望は挫折して、それぞれのチームが別々の穴の掘削にとりかかった。だが、両方のコアに見られる現象は基盤岩の状態のせいによる偶然ではなく実際の気候の影響を示すはずと考えられるように二つの穴を適度に離して掘るという決定により、競争は協力に変わった。二本のコアは、その大部分にわたって驚くほど正確に一致していた。コアの比較から、気候はほとんどの科学者が想像していたよりも急速に変化しうるということが説得力をもって示された。

一九六〇年代には何万年もかかると信じられ、一九七〇年代には何千年もかかると信じられ、一九八〇年代には何百年もかかると信じられていた温度の上昇下降が、わずか数十年で起こりうるということがいまや発見されたのだ。最終氷期の間に、グリーンランドではときどき、五〇年足らずの期間で七度も温度が上昇していた。新ドリアス期に入ったときには、北大西洋全体の気候の壮大なシフトがわずか五層の雪の中に見られた。つまり五年間だ！　証拠は疑わしいとして片づけることはもはやできなかった。少なくとも一つの解釈が手元にあったからだ。計算機モデルは、北大西洋循環が二つの状態の間を急激に変化する可能性を証明したのだ。同時に、ほかの大陸からのさまざまな種類の地質学的証拠により、新ドリアス期は北大西洋周辺だけでなく地球全体に気候変化をもたらしたことが示された。

このような変動は氷期だけでなく、いまの時代のような暖かい間氷期にも起こりうるだろうか？計算機モデルとその他の証拠は、それが起こりうると証明した——それどころか、私たちが引き起こすかもしれないのだ。逆説的なことに、地球温暖化はシカゴからモスクワまでの範囲に壊滅的な局地的寒冷化をもたらすかもしれない。ブロッカーは次のように警告した。「継続中の温室効果気体の蓄積がこのような海洋改造をさらにもう一度引き起こすかもしれない可能性はたしかにある……これは広範囲の飢餓につながりかねない」[9]。破局的な変化を起こすメカニズムはほかにもまだ残されていた。一つには、西南極氷床を横断する勇気ある調査で、今後数世紀の間に氷床が崩壊するかもしれないという驚くべき可能性が裏づけられた。もう一つには、新たな研究から、海洋の温暖化が海底の泥の中に堆積したクラスレート氷の崩壊を引き起こすと考えうることがわかった。これは、莫大な温暖化をもたらすのに十分なメタンとCO_2を放出する可能性がある。地質学的証拠から、そのような破局的変化は実際に少なくとも一回、五五〇〇万年前に起こっていて、莫大な規模の絶滅を引き起こしたことが示された。最も不吉だったのは、一九九三年にダンスガーと彼の同僚が、グリーンランドのコアがいまから一つ前の間氷期の暖かい時期におけるすさまじい振動をあきらかにしたと報告したことだ――たとえば、一〇年の間に一四度もの温度の低下に襲われたというのだ。

この最後の事項は、誤解だったことがわかった。岩盤付近から掘り出された氷の測定値が、温暖期と寒冷期の層を混ぜ合わせた氷河の流れによって歪められていたのだ。だが、科学者は気候システムについて新しい考え方をせざるをえなくなっていたので、うしろを振り返ることはなかった。氷コアに見られる疑問の余地のない温度のジャンプは、十分に急速で深刻なものだった。人々はさらに、長期に及ぶ干ばつが突然始まったという証拠がたくさんあることを思い出した。たとえば、一二〇〇年代に北米の原住民文化を壊滅に追い込んだ干ばつがそうだ(第四章)。新たな地質学的証拠が、マヤ文明と古代メソポタミア文明の没落の時期にもそのような干ばつがあったことを示した。温和で変化のない間氷期というこれまでのイメージは、回復の見込みもないほど消え失せていた。

最も気がかりな証拠は、南極大陸のヴォストーク基地で掘り出された氷コアから現れた。完全な氷期・間氷期サイクルを四回近くもさかのぼるこの記録には、ほぼすべての期間にわたって激しい温度変化がちりばめられていたのだ。ブライソン、シュナイダーなどが、最近の記憶にある安定した一世紀ほどの期間には小氷期のような「通常の」長期変動が反映されていないと警告したとき（第五章）、彼らは思いもよらないほどに大きな不安定性に言及していた。新ドリアス期の終わり以降の人類文明の繁栄全体の舞台となった温暖期は、過去四〇万年間のどの時期よりもはるかに安定していた。歴史として知られている気候は、幸運な例外だったのだ。

この新たな観点のもつ深い意味にもかかわらず、反論しようと立ち上がるものはほとんど誰もいなかった。このことは、世界中の気候科学者ほぼ全員の総意の一部となり、IPCCの一九九五年の報告書にも表されていた。報告書には、気候における「驚き」はありうるという警告が含まれていたのだ――「未来の（過去にも起こったような）予期せぬ大規模で急速な気候システムの変化[10]」。だが、この点は著者たちによって強調されず、マスコミでもめったに触れられなかった。気候の専門家以外のすべての人々と、さらに専門家の多くですら、将来の「気候変化」とは現在世界の多くの地域で明白になりつつあるゆるやかな温暖化を意味するものと考えていた。

可能性をさらにしっかりと把握するために、IPCCのプロセスの新たな一巡が求められた。ふたたび科学者が集まってグループをつくり、最新の研究結果すべてを分類して討議した。二〇〇一年発行の第三次報告書を立案する交渉のなかで、科学者の総意は産業界志向の懐疑論者からの反論を圧倒した。IPCCはにべもなく、世界は急速に温暖化しつつあるという結論を下した。そして有力な新しい証拠から、「過去五〇年間に観察された温暖化の大部分は温室効果気体濃度の上昇が原因だったものと思われる」ということがあきらかになった。そのうえ、計算機モデリングの改良のおかげで、IPCCはかつてない確信とともに、全地球の温度はさらにはるかに上昇するという結論を下すことができた。実際に、温暖化のペースは「少なくとも過去一万年間に前例のないものとなる見込みが非常に大きい」という。最悪の場合を想定したシナリオでは、全地球のCO_2の放出と、硫酸(塩)汚染への規制が以前の報告書で考えられていたよりも速く進むことで、二一世紀末期に予測される温度上昇の範囲は一・四度からショッキングな五・八度にまで及んだ(11)(IPCCはよりいっそう急な気候における「驚き」の可能性にふたたび言及したが、それはふたたびほとんど見過ごされた)。

この予測された温度の範囲は、従来どおりの二一世紀半ばごろに予想されるCO_2濃度の倍増に対するものではなく、二〇七〇年以降に予想されるさらに高い濃度に対してのものだった。ブロッカーも指摘するように、「以前はわれわれは産業化以前の大気に含まれるCO_2濃度の二倍という基準で考えていたが、現在の考えは三倍に向かっている」のだ。結局この濃度は、自己制御または破局的変化によって止められなければさらに上昇するだろう(12)。

IPCC報告書の影響は、二〇〇〇年末にハーグで開催された次の大規模な国際会議〔COP6〕につきまとっていた。報告書はまだ完成していなかったとはいえ、そのおもな結論は代表者たちに漏らされていたのだ。京都で約束された温室効果気体の削減を強制できるような具体的な規則を作成するために、一七〇カ国の代表が集まった。ヨーロッパ大陸諸国の代表たちは、温室効果気体規制の厳しい体制を強く要求した。その提案はアメリカ国内では有効な政治的支持をまったく得られず、アメリカ政府は、より市場に好意的な体制を要求した。交渉は決裂した。とどめの一撃は二〇〇一年三月にやってきた。新たに就任したアメリカ大統領ジョージ・W・ブッシュが、国内のCO_2排出の大幅な規制をすべて拒否して、京都議定書を公式に放棄したのだ。

国際外交はゆるやかなプロセスである。ほんとうに重要な仕事は、段階を踏んで態度を変えていくことであり、それと同時に（各国の排出量を測定する方法や割り当て量を判定するプロセスなどの）新たな仕組みをつくることだ――その仕組みは最初は実質をともなわないかもしれないが、徐々に意義のあるものになっていく可能性はある。温室効果に対する行動の必要性をすべて否定する人々は、孤立して世間から取り残されつつあった。主要な企業団体で最初に不安を覚えたのは、保険業界だった。一九九〇年代初め、ハンセンなど地球温暖化論者が予測していたとおりに嵐や洪水が増加したため、保険各社は巨額の損失を被ったのだ。一九九〇年代末までには、ほかの多くの主要企業も温室効果による温暖化が自分たちにとってほんとうに問題だと認めて、全地球気候連合から脱退した。温暖化が起こり排出規制のある世界で成功できるように事業の改革を始める企業もあった。自由市場の擁護者である『エコノミスト』誌は、企業はいまや「自然エネルギープロジェクト、クリーン開発計画、そして彼らが大いに期待してきた排出権取引の主導のための明快な基本原則」を求めていると報じた。(13)

一般大衆の理解は、進化する科学者の総意の要点にだいたいついてきていた。一九九〇年代の世論調査では、アメリカ人のほぼ半数が地球温暖化はすでに始まっていると考え、残りの大部分は近づきつつあると考えていた。絶対に起こらないと断言しているのは、八人中一人にも満たなかった。だが、大半がこの件についてあまりよく知らないと認めていた。矛盾する発言にすぐに混乱させられてしまうのだ。IPCCの二〇〇一年の報告書が、温室効果による温暖化はすでに始まっていて悪化の一途をたどりそうだという結論を下したとき、これはとてもニュースのようには思えなかった。国民の注目を集めたのは、新政権の京都議定書プロセスからの離脱だった。新聞雑誌の論説は、この行動を実業界への降伏だと激しく非難した。まさにそうなのだが、ジョージ・W・ブッシュのやり方はアメリカ国民と議会の大多数の希望とそれほどかけ離れてはいなかった。もちろん、地球温暖化について行動を起こすのはよいことだろうと大部分の人々は思っていた——だが、それが何かを大幅に変えることを意味するとなると、話は別だ。

一九九〇年代の世論調査とフォーカス・グループ〔政治問題などに対する一般の反応を予測するために司会者のもとに集団で討議してもらう少人数からなるグループ〕の結果から、人々は温室効果と自分の日常生活に関係があるとはほとんど思っていないことがわかった。緊急を要する環境問題について尋ねられると、市民は飲料水の汚染や有毒廃棄物や局地的なスモッグなどの差し迫った懸念を持ち出すのだ。気候変化のほんとうの原因と本質について漠然としか理解していないふつうの人には、それを防ぐために実際にどのような手段をとることができるのか想像もつかなかった。将来の技術の進歩がそのような問題をどうにか片づけてくれるはずと願う人々もいた。漠然とした終末論的な環境の破局的変化をぼんやりと予感する人々もいた。ほぼ全員が、自分が個人的にできることではなんの役にも立たないと考えていた。多くの人々は、気候変化のみならずすべての環境的被害は社会の衰退——利己主義、強欲、不正の増加——のせいだと確信していた。そのような人々の目には、物質的な悪と道徳的な悪が絡み合った全般的な「汚染」が映っていたのだ。この堕落を止めるには自分は無力だと信じて、地球温暖化の問題は解決不可能だと考えていた。アメリカ人を対象にしたある調査では、大多数の人々は不安で途方にくれながら、この問題について文字どおり何も考えたくないと感じていると結論づけていた。「彼らの懸念は、行動への支持よりも落胆に変わっていた」[14]

大部分の人々が無言の不安を抱えながらただ見守る一方で、多くの科学者、環境保護主義活動家、政府官僚、ひいては実業界のリーダーですら、行動をとることを誓った。二〇〇一年七月にボンで開催された国際会議〔COP6再開会合〕では、一七八カ国の政府――アメリカ政府は含まれないが――が京都議定書を発効させるための妥協の合意を取り決めた。西ヨーロッパ諸国の主導で、各国は温室効果気体の排出を制限するためのさまざまな手段を定めることを誓った。目標は京都議定書よりもやわらげられて、温室効果気体の排出をだいたい一九九〇年のペースに戻すというものだった。それが実際に達成できるとは、ほとんど誰も信じていなかった。それに、もしどうにかして達成されたとしても、一九九〇年の排出ペースでは、大気中の温室効果気体はまだ増え続ける。京都議定書がさらに困難で幅広い交渉のための始まりにすぎないのはあきらかだった。地球温暖化問題はまったく新しい協力の機構をつくり出すための国際体制を必要とするのかもしれず、そのような難題に対処することができるのだろうかと疑う人々もいた。それにもかかわらず多くの指導者は、規制とモニタリングの仕組みを発展させつづけることに価値があると感じていた。もし、緊急の必要性によって世界が地球温暖化を止めることをほんとうに誓わざるをえなくなる日が来たとき、この経験は不可欠なものとなるはずだ。

造林から都市給水にいたるまでさまざまな分野の先見の明のある人々は、変化した世界のための計画を立てはじめた。産業効率を損なわずに気候変化を許容範囲にとどめる実用的な手段を見つけることができると確信する専門家が増えつつあった。たとえば、パイプラインからのメタンガスの漏れを削減することで、地球温暖化の一因を大幅に減らすと同時に実際に経費の節約になる。煙突からのすすの放出を減らすことで、黒い粒子が引き起こす温暖化を削減すると同時に健康問題と医療費支出が大いに減少するだろう。さらに一般的に言えば、公害の減少と化石燃料関連の助成金の削減は経済を弱体化させるのではなく、後世のためのみならず短期的にも強化するはずだ。その間に人々は、すでに避けられない変化に対して備えることができる。

政府のおもな活動は、昔から頼りにしているもののままだった。新たな研究のサイクルだ。気候科学者は彼らの研究がかなりの資金提供に値することを証明しており、引き続き国際的な委員会を活用して資金の使い方をおおまかに調整した。二一世紀が始まる時点で、世界中で年間に数十億ドルが気候研究に費やされていた。大金のように聞こえるが、その他の多くの科学問題や技術問題に費やされた金額よりは少ない。何ダースもの要因、しかもそのそれぞれの対象範囲が全地球的な要因によって世界の全人口の運命が揺るがされるという問題にしては、かろうじて足りるという程度だ。気候の大問題が、少数の人々が通常の研究から時間を割くことで効率よく調査されていた時代は、とうの昔に過ぎ去った。いまでは無数の具体的な問題に的確な答えを見つけることが仕事で、その問題の一つ一つに高価な装置を利用するきわめて専門的な科学者のチームが必要となる。

研究が細分化されつつあるのは、中心的な問題に答えが見つかったからだった。科学者は大旅行の終着点にたどり着いたのだ。それは、地球温暖化の発見だ。一八九六年にアレニウスによって提案された仮説——二〇世紀前半を通じてほぼすべての専門家から否定され、後半を通じて着実に発展した仮説——が、いまではこの種の科学的提案としては最大限に認められていた。

完全な知識は、天気が実際にどのように進展するのかを観察することでしか得られないだろう。過去二〇年間の努力は、不確かさの範囲をほとんど狭められていない。およそ半世紀後に予想されるCO_2濃度の倍増に関する予測は、いまだにほぼ三度プラスマイナス二、三度のままだった。それ以上は地球物理学では手に負えなかった。データと理論の複雑さと制約のせいで、より明確な結論がどうしても下せないからだ。気候ほど複雑で微妙なシステムに関しては、最善の計算方法で予測された結果と激しく異なる未来という衝撃的な驚きの可能性を除外することすら科学にはできないのだ。

それでも、不確かさの最大の源は、いまや科学にはない。気候変化を予測するにはまず、CO_2やメタンなどの温室効果気体に加えて煙などのエーロゾルの排出の変化を予測する必要があるだろう。農作物や森林の変化も予測の必要があるのは言うまでもない。これらの変化は、地球化学や生物学よりも人間の活動に左右される。世界がこれから経験する温暖化が穏やかなものになるのか猛烈なものになるのかは、何よりも将来の社会動向および経済動向——人口増加や煙突からのすすの規制など——にかかっている。IPCCの第三次報告書で、科学者たちは最善の答えを出している。いまや重要な問題は、人々がどのような行動を選ぶかなのだ。

本文を振り返って

科学者は世界に関する確かな情報をどのように入手するのだろう？　科学の進歩についての話を聞くと、私たちはその言葉から人々が決然として前に行進していくイメージを呼び起こされる。科学者は、未知の谷に初めて足を踏み入れた昔の探検家のように何かを「発見する」。ほかの探検家たちはその先へと進み、それぞれが一歩進んだ知識を手に入れる。それは昔ながらの言葉の意味にもとづく「前進」、つまり堂々たる行列が計画に従って進む有様だろう。

ところが実際には、科学者がある考えまたは観察について論文を発表したあと、ほかの科学者はたいてい正当な疑いの目でそれを見る。多くの論文、もしかしたら大多数の論文に、誤認や単純な誤りが隠れている。なんといっても、研究は（その定義からして）既知の領域の外側でおこなわれるものなのだ。人々は霧の向こうに浮かぶぼやけた影を見つめている。いままで見たことのないものだ。目撃情報はすべて確かめて裏づけられなければならない。科学者は、ある考えの裏づけが脇から現れたときにはよりいっそう説得力があると考える。つまり、まったく異なるタイプの観察または思考経路を利用した裏づけが現れたときだ。異なる領域のそのような結びつきは、地球物理学などその題材が本質的に複雑な科学で特に一般的だ。科学者は火山の煙について学んだ何かから始めて、それを金星の望遠鏡による観察結果の横に並べ、ロサンゼルスのスモッグの化学的性質に注目し、そのすべてのデータを雲に関する計算機によるシミュレーションに取り組むかもしれない。あらゆることについてすべての人々を納得させた単独の観察結果またはモデルを挙げることなど不可能だ。

これは、新たな領域に入り込んでいく探検隊のようには見えない。それよりも、あわてて走り回る人々の群れのようだ。意見を交換するために集まる者もいれば、がやがやという騒音の向こうから聞こえる遠い声や批判の叫びに耳をすます者もいる。全員が異なる方向に動いていて、全体的な動向を理解するにはしばらく時間がかかる。これが、地球物理学だけでなく科学の大部分の分野で一般にものごとが進むやり方だと私は思っている。

本書において私は、このプロセスを説明するために、気候変化の科学における最重要論文のうちほぼ一〇〇〇編の間で点と点をつなぐことを試みた。(1) 選ばれたこれら一〇〇〇編のそれぞれに対して、科学者は関連したデータや計算や技術を説明した同じくらい重要な論文を、さらに一〇編ほど発表している。そして、それら一万編のそれぞれに対して、その特定のテーマの専門家は、それよりも重要ではないと判明したその他の論文を少なくとも一〇編は調べなければならなかったのだ——確証となる事実が少ないか、もしかしたらまぎらわしい誤りが含まれているか、あるいはまったく関係がないとわかった論文だ。混乱の上におもな進展を浮かび上がらせることで、本書は当時の科学者が見ることのできたものよりもはっきりしたイメージを示している。

地球物理学において首尾一貫した説明を得るのは、宇宙物理学や分子遺伝学など比較的独立した分野よりも困難だ。これらの分野の科学者が取り組む問題は、十分に理解された境界線の内側におさまっている。その境界線は、分野のコミュニティーを定義する社会的境界線とほぼ一致する。このような分野はそれぞれの学術誌、学会、会議、大学の学部学科を発展させてきた。科学者がこれらの社会的メカニズムを発展させるのは、学生の教育と研究資金の調達という仕事を楽にするためでもある。さらに研究分野の社会的結合は、お互いに研究結果を伝えあい、討議し、どの結果が信頼できるかについての結論に達するという仕事を楽にするために非常に貴重なものなのだ。

仕事のプロセスに関しては、科学者は同業者を信頼しなければならない。信頼はどのように保たれるのだろう？　真実を述べる誠実さは重要だが、それでは不十分だ。科学者がお互いをだますことはめったにないものの、知らぬ間にすぐ自分自身を欺いてしまう。不可欠な種類の信頼は、目標すなわち確かな知識の追求を共有することと、その目標を追い求める方法に関する原則を共有することから生まれる。必要な原則の一つは、ものごとを分析すること——意見の相違に耐えて、公の議論の場であらゆる合理的な主張の発言を認めることだ。二つ目の原則は、ものごとをまとめること——たとえほかの点について意見が一致しないということで同意していても、重要な点については意見の一致を求めて徹底的に話し合うことだ。

社会構造にまとまりがない場合、信頼を保つことはさらにむずかしくなる。ある専門分野のコミュニティーは別の分野の科学の研究者による成果を十分に確かめることができないが、その発言を正当なものとして認めなければならない。気候変化の研究はその極端な例だ。研究者は気象学を太陽物理学から切り離したり、汚染研究を計算機科学から切り離したり、海洋学を氷河の氷の化学から切り離したりといったことはできない。論文の脚注で列挙される学術誌の範囲は驚くほど広い。この広がりは、あまりにも多くの要因が実際に気候に影響していることを考えれば当然だ。だが、複雑さのせいで、気候変化に関する確固たる結論にたどりつこうとする人々は困難を負わされる。

物理学なら、コインを落としたときに正確にはこれこれしかじかの加速度で落ちていくと言うことができる。すべてが予測できるとは限らないが——物理学者にはコインの表が出るか裏が出るかは通常わからない——全体的な動きは非常に正確に予測することが可能だ。こういった物理の法則の信頼性は、一人の人間か、多くても一つか二つの物理学者のチームによってかなりうまく確かめることができる。大気中のCO_2の量を二倍にしたら気候はどうなるかといった問題では、そのようにはいかない。この場合はあまりにも多数のほぼ無秩序な影響に出くわすため、おもな事実はおおまかにしかわからない。そして信頼性の程度の確立は、何ダースもの科学者コミュニティーによる確認と修正のプロセスにかかっていて、それぞれのコミュニティーが問題の一部分ずつに取り組むのだ。

地球温暖化を発見したのは誰か——より正確に言うと、人間の活動のせいで世界が暖かくなりはじめているということを発見したのは誰なのか？　一人の人間ではなく、たくさんの科学者コミュニティーだ。彼らの功績はデータ収集と計算の実行だけでなく、それらを結びつけたことにある。これはあきらかに社会的プロセスで、互いに影響しあう大勢の人々による成果だ。この社会的プロセスは非常に複雑で、さらに非常に重要なため、最終段階ははっきりと制度化された。気候変動に関する政府間パネル（IPCC）のワークショップ、再検討、交渉の会合だ。地球温暖化の発見はあきらかに社会的生産物であり、何千人もの専門家の間の無数の討論から生じた判断の総意なのだ。

人々は発見について耳にしたとき、暗黙のうちにその信頼性を評価する。すなわち、それが真実だとどれほど強く信じるべきかということだ。IPCCはその結論の状態について明確に述べることを求められた。二〇〇一年に、前例のない現在の温暖化のペースはおもに温室効果気体の増加による「可能性が高い」と判明したと発表したとき、IPCCは「可能性が高い」という表現を脚注で説明している。この発見が真実である確率を六六パーセントから九〇パーセントの間と判断したのだ。(2)

一部の懐疑論者は、地球温暖化などまったく起こりそうにないと信じつづけていた。彼らは気候の理論が不完全な部分すべてを執拗に指摘した。そして、現在利用できる莫大な量のデータの中に、自分の見解を裏づける断片をそこここで見つけた。彼らは「地球温暖化」など社会的構成物にすぎないと信じていた――手に持つことのできる石のような事実というよりも、あるコミュニティーによってつくり上げられた神話のようなもの。なんといっても、科学者のコミュニティーが誤った見解をもったのちに集団としての意見を変えたことは何度もある、と批判派は指摘した。専門家はかつて温室効果による温暖化の可能性を否定していたのでは？　専門家はつい最近の一九七〇年代まで、新たな氷河時代の到来を警告していたのではないか？

大部分の科学者は、この否定に説得力があるとは思わなかった――それどころか、ほとんど興味すら感じなかった。批判派のデータと主張は、温室効果による温暖化を示す証拠の莫大な量に比較すると、弱々しく見えた。たしかに半世紀前には、大多数の科学者がカレンダーの温室効果による温暖化の主張を信じがたいと思っていた。だが、当時の科学者は、自分たちの気候変化に関する考えの根拠はわずかばかりの不確かな測定値と憶測的な推論にすぎないということを理解していた。カレンダーの主張は、科学者たちが昔から当然のことと思っていた気候の安定性に関する考えに公然と反抗するものだったが、一時的に脇に置かれただけだった。それは専門家の頭の中にいつまでも残り、より優れたデータと理論が登場するのを待っていた。同様に、一九七〇年代の論争の間、大部分の科学者は自分の知識はまだ未熟なので気候が暖かくなるのか寒くなるのかわからないと何度も説明していた。おもな論点は、安定性に対する昔からの信頼を捨てるのに十分な知識が得られたということだった。二〇世紀末になると、昔ながらの信念を保つためにもがいているのは、気候の自己調節を主張する批判派のほうだった。

そのころまでには科学者だけでなく大多数の人々が、自然界とその人類文明との関係について、不本意ながらもいささか不安な見解に達していた。一般大衆と科学界の見解は、それぞれが互いに影響を及ぼして、必然的に一緒に変化してきていた。大衆側としては、テクノロジーがすべてのものを、空気ですらどれほど深刻に変えうるかということを、苦い経験から痛烈に感じていた。一方、科学者側としては、気候がどのように変わりうるかという知識は、無数の野外観測や研究室での測定や数値計算の影響により変化していたが、より大きなコミュニティーの常識的な理解によって（さらにそこから供給される資金によって）設定された範囲内だった。結局、結論は総意によるパネル報告書の中で永久に伝えられるほど揺るぎないものとなった。たしかに狭い意味では、結果として得られた気候変化の理解は人間社会の生産物と呼べるだろう。

それを社会的生産物にすぎないと呼ぶべきではない。将来の気候変化はこの点では、電子や銀河など私たちの五感では直接的にはアクセスできない数多くのものと似ている。これらすべての概念はアイデアの精力的なぶつかり合いの中から現れ出たもので、ついには大部分の人々が説き伏せられてその概念は現実の何かを表すものだと言うようになったのだ。「現実」という言葉が何を意味するかという点でさえ論争の対象だった――哲学者は、科学的概念が究極の現実とどのようなかたちで一致しうるかについての意見を数多く提示してきた。しかしこの永遠の疑問に気候科学者が悩まされることはめったになかった。将来の気候が石と同じくらい現実的なものだというのは当然のことと思っていたからだ。それと同時に科学者は、このような未来の事柄に関する自分たちの知識が確率の範囲内でしか語れないということを躊躇なく認めていた。

気候に関する私たちの理解は、科学報告書を超えて、より広々とした思考の領域にまで入り込む。私が一月に雪のない通りを見るとき、自然な気象の変動だと思うかもしれないし、温室効果気体の排出が原因の人為的影響だと思うかもしれない。そういった認識は、科学者だけでなく利益団体や政治家やマスコミによって形づくられる。特に地球温暖化に関しては、社会的な影響がより深くまで及んでいる。たとえば惑星の軌道などとは違い、未来の気候は私たちがそれについてどう考えるかによって実際に左右される部分がある。なぜなら、考え方が行動を決めるからだ。

警告を発表する科学者に直面したとき、一般大衆の自然な反応は明確な指導を求めることだ。何が起こるかについて科学者が確実なことを言えない時、政治家はいつも、帰ってさらに研究してきなさいと命じる。それはけっこうなのだが、気候の場合、確実な答えを待つことは永遠に待つことを意味する。新たな病気や武装侵略に直面したときは、さらに多くの研究が終わるまで決断が延ばされることはない。利用できる最善の指針を用いて行動を起こすものだ。

私たちは地球温暖化について何ができるのか、そして何をすべきなのか？

私は物理学者および科学史家としての教育を受けたことで、科学的主張が信頼できる場合とあやふやな場合を見抜く感覚をいくらかもっている。もちろん、気候の科学は不確かさに満ちていて、気候がこれからどうなるかを正確に知っていると主張する者は誰もいない。その不確かさそのものは、疑いようもなく知られている（と私が確信する）ことの一部だ。それは、地球の気候は途方もなく変わりうるもので、その変化は予測できないということである。そのほかに、私たちは（IPCCとともに）重大な地球温暖化が生涯の間に起こる可能性はきわめて高いと結論を下すことができる。これは間違いなく、広範囲にわたる深刻な被害の見込みをもたらす。これらの事実に異議を唱える少数の人々は、知識のない人か、あるいは自分の見かたに凝り固まっているため危険を否定するどのような根拠にも飛びつく人のどちらかだ。

本書に描かれた何千もの人々のたいへんな骨折りのおかげで、私たちはまだ間に合ううちに警告を与えられることができた——かろうじて間に合う程度だが。もし自分の家が全焼する危険がたとえ少しでもあったら、煙探知器を取りつけて保険に入るように取りはからうだろう。私たちの社会と地球の生態系の幸福のためには、それ以下の対応などとうていできない。したがって唯一の有益な議論は、どのような手段が経費をかける価値があるかという点についてだ。

いますぐにできて、安上がりで効果的なだけでなく、地球温暖化防止とはまったく別の利益を通じて実際に採算がとれることはたくさんある。特にアメリカ人——世界で最も無差別な温室効果気体排出者で、それについて何か行動を起こすのに最適の立場にいる人々——は、手本を示さなければならない。手始めに、化石燃料に対する政府の助成金を廃止してはどうか。巨額で、大部分が隠れた存在で、経済的にも不健全だ。もう一つの良識ある手段として、ガソリン税を数ドル上げて（ほかのほぼすべての工業国が支払っている額に匹敵し、ほかの税を引き下げることで埋め合わせられる）、道路、交通混雑の緩和、事故による怪我やスモッグによる病気の医療にかかる実際の経費をそれでまかなうのはどうだろう。その他の経済的に有益な政策で、多くの地域で燃料の効率を向上させ、森林を保護するなどといったことが可能だ。CO_2以外に目を向ければ、パイプラインからのメタンガスの漏れを修理したり、有害な煙の排出に取り組んだり、同様の変更を実施したりといった行動によって温室効果を削減しながら、実際に経費の節約もできる。このような手段は、中央政府だけでなく地方政府にも、さらに大部分の企業や個々の国民にも実行可能なことだ。

何よりも重要なのは、規制と「価格信号」が刺激剤となってテクノロジーの開発と実践が奨励されれば、温室効果気体の排出の大幅削減で人類の幸福を増進することができるのだ。その開発のかなりの部分はすでに進行中だが、テクノロジーは魔法のようにひとりでに発展するものではない。経済的需要に応じて、テクノロジーは進歩のないままかもしれないし、驚くべきスピードで問題を解決するために突進するかもしれない。たとえば、フロンの抑制は、規制を受けた業界が恐れていたよりもはるかに簡単で安上がりだった。

そのような手段が社会的または政治的に不可能だと言うことは、ひとたび人々が注意を向ければそれよりもはるかに大きな変化が無数の領域ですばやく実現しているという事実を忘れることになる（過去五〇年間でアメリカ人の生活パターンが、食事のパターンですら、どれだけ変化したか考えてみてほしい！)。市民は個人的な習慣を再考することや、企業や政府に圧力をかけることができる。これは、いつかほかの誰かがしてくれる仕事ではない。すでに時間がないのだ。即刻、世界の国々は協力して――アメリカ以外ほぼすべての国々がすでに協力しているように――国際的な規模で基準を適用するためのシステムをつくるべきだ。気候は国際的規模で作用するものなのだから。最初の実践的な手段は、ほんとうに安上がりで簡単なもので、将来の地球温暖化に大きな影響は及ぼさないだろう。だが、始めることにより、世界の人々は正しいテクノロジーと政策を開発し交渉する経験を得ることができる。もし、どうやらそうなりそうだが、気候変化がたいへんな被害を引き起こして私たちがいまよりはるかに大きな努力を強いられた場合、この経験が必要になるだろう。

多くの脅威と同じように、地球温暖化は政府の活動の増大を必要とし、それは当然のことながら人々を不安にさせる。だが、二一世紀には政府の活動に代わる選択肢は個人の自由ではない。企業の権力だ。そして、この物語における大企業の役割はいままで大部分が否定的なもので、利己的な理由で混迷をもたらし、近視眼的な理由で遅延をもたらしてきた。大気は「コモンズ〔共有地〕」の典型的な例だ。昔のイングランドの共有牧草地では、どの個人も自分のウシを増やすことで得をするはずだったが、過放牧によって全員が損をした〔ガレット・ハーディンによる有名なたとえ〕。このような場合、公共の利益は公共のルールでしか守れない。

きっとおそらく、地球温暖化は近づいている。気象パターンが変化しつづけ、海面が上昇しつづけることを覚悟すべきなのだ。それは悪化の一途をたどりながら、私たちの生きている間から、孫たちの時代へと続いていく。この問題はすでに科学界から卒業した。気候変化は、社会的、経済的、政治的な大問題なのだ。世界のほぼすべての人々が適応する必要があるだろう。貧しい集団や国家は最もつらい目にあうだろうが、誰も免除されることはない。市民が必要とするものは、確かな情報、個人的な生活を変える柔軟性、政府のすべてのレベルからの効率的で適切な援助だ。したがって、あらゆる地域の統治体制における知識の伝達の向上と民主的管理の強化が重要で、ある意味では私たちの最優先課題となる。気候の科学の世界の特徴となっている、事実の収集、合理的な議論、異議の容認、より進展した総意を得るための交渉という精神は、見習うべき手本として十分に役立つだろう。

年　表（過去の画期的出来事）

一八〇〇―一八七〇年

大気中の二酸化炭素（CO_2）濃度は、のちに氷床の氷から測定した結果によると、約二九〇ppm（一〇〇万分の二九〇）。

第一次産業革命。石炭、鉄道、森林皆伐により温室効果気体の放出が加速し、同時に農業および下水処理の改良により人口増加が加速する。

一八九六年

アレニウスが人間のCO_2放出による地球温暖化を示す最初の計算結果を発表。

一八九七年

チェンバリンがフィードバックを含む全地球の炭素交換モデルを作成する。

一八七〇―一九一〇年

第二次産業革命。肥料などの化学製品、電気、公衆衛生により人口増加がさらに加速する。

一九一四―一九一八年

第一次世界大戦。各国政府は産業社会を戦時体制にして支配するようになる。

一九二〇―一九二五年

テキサスとペルシャ湾に油田が開かれ、安価なエネルギーの時代が始まる。

一九三〇年代

一九世紀末期以降の地球温暖化の傾向が報告される。

ミランコヴィッチが氷期の原因として軌道の変化を提唱する。

一九三八年

カレンダーがCO_2の温室効果による地球温暖化が進行中だと主張し、この問題に対する人々の関心を復活させる。

一九三九—一九四五年
第二次世界大戦。大規模な戦略はおもに油田支配をめぐる争いによって動かされる。

一九四五年
米国海軍研究局が科学の多くの分野に寛大な資金提供を始め、そのうちの一部は偶然にも気候変化の理解に役立つ。

一九五六年
ユーイングとドンが急速な氷期の始まりに関するフィードバック・モデルを提示する。フィリップスが全地球大気のある程度現実的な計算機モデルを作成する。プラスが大気中のCO_2増加により放射収支に重大な影響が及ぼされることを計算する。

一九五七年
ソ連の人工衛星スプートニクの打ち上げ。冷戦への懸念が一九五七—一九五八年の国際地球観測年を支え、新たな資金と協調を気候研究にもたらす。
レヴェルが人類のつくり出したCO_2はすぐには海に吸収されないことを発見する。

一九五八年
望遠鏡での調査により、金星の大気は温室効果の結果として水の沸騰点よりもはるかに高い温度になっていることが判明。

一九六〇年
一九四〇年代初め以来の全地球の温度の下降傾向が報告される。
キーリングが地球大気のCO_2を精密に測定し、年ごとの増加を検出する。濃度は三一五ppm。

一九六二年
キューバ・ミサイル危機。冷戦のピーク。

一九六三年
計算により、水蒸気のフィードバックが気候がCO_2濃度の変化に対して非常に敏感にしうることが示される。

一九六五年
気候変化の原因に関するボールダー会議。ローレンツらが気候システムのカオス的性質と急激なシフトの可能性を指摘する。

一九六六年

エミリアーニの深海コア解析から氷期のタイミングは軌道の小さな変化によって決まることが証明され、気候システムが小さな変化に敏感であることが示される。

一九六七年

国際的な「地球大気研究プログラム（GARP）」が設立される。おもな目的は短期の気象予測を改良するためのデータ収集だが、気候も含まれる。

真鍋とウェザラルドがCO_2を二倍にすると世界の気温が二、三度上昇するという説得力ある計算を実施する。

一九六八年

調査から、南極氷床の崩壊とそれによる海面の破局的上昇の可能性が示唆される。

一九六九年

宇宙飛行士が月面を歩き、人々は地球全体を壊れやすいものとして認知する。

ブディコとセラーズが雪氷アルベド・フィードバックのカタストロフィー的なモデルを提示する。

人工衛星ニンバス三号が全地球の大気の温度の総合的観測の提供を開始する。

一九七〇年

最初のアースデイ（地球の日）。環境保護運動は強い影響力を獲得し、全地球の環境劣化への懸念を広げる。

米国海洋大気庁が設立され、気候研究に対する世界有数の資金源となる。

人間の活動によるエーロゾルが急速に増えていることが示される。それが全地球の寒冷化を引き起こしつつあるとブライソンが主張する。

一九七一年

一流の科学者によるSMIC会議にて、人間が引き起こす急速で深刻な全地球規模の気候変化の危険が報告され、組織的な研究活動が求められる。

宇宙探査機マリナー九号が火星に、大気を暖める塵の大嵐と、現在とは根本的に異なる過去の気候を示す形跡を発見する。

一九七二年

氷コアなどの証拠から、過去の大きな気候シフトが比較的安定した時期に挟まれておよそ一〇〇〇年ほどの間に生じていたことが示される。

一九七三年

石油の禁輸と価格上昇により第一次「エネルギー危機」が起こる。

一九七四年

一九七二年以来の深刻な干ばつなどの異常気象に加えて、科学者やジャーナリストの警告により、気候変化に関する一般大衆の懸念が高まる。もしかしたら新たな氷期が来るのかもしれない。

一九七五年

航空機の環境に与える影響への懸念から、成層圏の微量成分の調査が実施され、オゾン層への危険性が発見される。

真鍋と共同研究者が複雑だがもっともらしい計算機モデルを作成し、CO_2倍増に対する数度の温度上昇を示す。

一九七六年

フロン（一九七五年）とメタンとオゾン（一九七六年）が温室効果に重大に寄与しうるということが調査から判明する。

深海コアからミランコヴィッチの一〇万年周期の軌道変化の影響が支配的であることが示され、フィードバックの役割が重要視される。森林破壊などの生態系の変化が気候の将来の重要な要因として認識される。

エディーが過去数世紀に太陽黒点のない状態が続いた時期があったことと、それが寒い時期に対応することを示す。

一九七七年

科学者の意見は気候に関する最大の危険は急速な地球温暖化だということでまとまりはじめる。

一九七八年

アメリカ国内の気候研究を協調させようとい

う試みは、無力な国家気候計画法の制定によって終わる。研究費は急増するが、一時的なものだった。

一九七九年

第二次石油「エネルギー危機」。環境保護運動の強化によって再生可能なエネルギー源が奨励され、核エネルギーの増加が抑制される。米国科学アカデミーの報告書から、CO_2の倍増が一・五度―四・五度の地球温暖化をもたらすのはきわめて確かだということがあきらかになる。

世界気候研究プログラムが国際的研究の協調を目的に発足する。

レーガン大統領の選出が環境保護運動に対する反発をもたらす。政治的保守主義と地球温暖化に対する懐疑論がつながる。

一九八一年

ＩＢＭパーソナル・コンピュータ発売。先進経済諸国のエネルギー源とのつながりが弱まっていく。

ハンセンらが硫酸(塩)エーロゾルが気候をかなり寒冷化させうることを示し、将来の温室効果による温暖化を示すモデルへの信頼度を高める。

一部の科学者が温室効果による温暖化の「信号」は二〇〇〇年ごろまでには目に見えるものになるだろうと予測する。

一九八二年

グリーンランドの氷コアから、大昔に一世紀の間での激しい温度の振動があったことがあきらかになる。

一九七〇年代半ば以来の強い地球温暖化が報告される。一九八一年は観測史上最も高温な年だった。

一九八三年

米国科学アカデミーと環境保護庁の二つの報告から論争に火がつく。温室効果による温暖化は政治の主流で目立った問題となる。

一九八五年

フィラッハ会議で専門家の総意として、ある程度の地球温暖化は避けられない模様であり、排出制限のための国際協定を考えるべきだという意見が宣言される。

南極大陸の氷コアから過去の氷期・間氷期にともなってCO_2と温度が一緒に上昇下降していたことが示される。

ブロッカーが、北大西洋循環の再編成が急激で根本的な気候変化をもたらす可能性があると推測する。

一九八七年

ウィーン条約のモントリオール議定書がオゾン層を破壊する気体の排出について国際的な規制を定める。

一九八八年

記録的猛暑と干ばつ、そしてハンセンの証言をきっかけに、地球温暖化に関する報道が飛躍的に増える。

トロント会議が温室効果気体の排出について厳格で具体的な制限を求める。

氷コアと生物学的調査から生態系がメタンを通じて気候にフィードバックすることが確認される。それは地球温暖化を加速する可能性がある。

気候変動に関する政府間パネル（ＩＰＣＣ）が設立される。

大気中のCO_2濃度は三五〇ｐｐｍに達する。

一九八八年よりあとの出来事は、歴史的に重大と認定するにはまだ早すぎる。

解説

増田耕一

この本は二〇〇三年にハーヴァード・ユニヴァーシティ・プレスから出版された *The Discovery of Global Warming* の翻訳である。著者はいったんは物理学・天文学の研究者となったあと、カリフォルニア大学バークレー校のハイルブロン（Heilbron）教授のもとで学び、科学史家となった。著者の現在の勤め先、アメリカ物理学協会（ＡＩＰ）は地球物理学を含む広い意味の物理学にかかわる複数の学会が共同で設立した団体で、物理学の解説や意見交換をおこなう雑誌 *Physics Today* を発行している（「パリティ」がその記事の一部の日本語訳を掲載している）ことで知られるが、その他に物理学史センター（Center for History of Physics）という博物館的部門をもち、著者はその所長をしている。

ここでいう地球温暖化とは、たんに地球が暖かくなることではなく、次のような構造をもった現象である。

(1) 大気のうち水蒸気・二酸化炭素などの成分は、赤外線を吸収する。それは地表面付近の気温を上げるように働く（これを「温室効果」という）。

(2) 人間の産業活動によって出された二酸化炭素などが地球の大気の温室効果を強める。

(3) 過去約百年間に全地球平均の地上気温が上昇した。

(4)　(3)の原因の少なくとも一部は(2)である。

(5)　将来約百年間にさらに全地球平均の地上気温の上昇を含む気候変化が起こることが予測される。

この本によれば、これは二〇〇一年つまりIPCC（気候変動に関する政府間パネル）の第三次報告書が出された時点には「発見されていた」。つまり、(3)—(5)の部分にまだ異論はあるが（そして異論を出す人がいるのは健全なことだが）、この問題を考える科学者の大部分が上の(1)—(5)の可能性が非常に高いことを認めている状態になった。しかし、それが発見された時点はひとつにしぼることはできず、少なくとも一世紀にわたるいろいろな人の仕事を含むプロセスだった。そこでこの本全体が「発見」の物語なのだ。

この本はもともと、複数のテキストが相互にリンクしたハイパーテキストとして書かれWWWで公開されているもの（http://www.aip.org/history/climate/）の内容をしぼって本の形にしたものである。本にするにあたって著者が題材を並べた順序は、私には意外に感じられるところもあったが、次のように解釈すれば納得がいく。科学的知識の歴史は、合流していく川のようなかたちで理解できる。実は分流もあるのだが、仮に終着点を決めて（二〇〇一年のIPCC第三次報告書）、そこに向かうもの以外は無視することにする。そして合流していく構造のどれかを本流と決め、それを上流から順に記述していく。支流については、それが本流に合流するところで、支流の上流から記述していく。

IPCCの設立（一九八八年）よりも前でいちばん画期的な時点をあげれば、一九五七—五八年におこなわれた国際地球観測年（IGY）だろう。そのときから、ハワイのマウナロア山と南極点で、大気中の二酸化炭素濃度の観測がほぼ継続的におこなわれてきた。IGYはそれ以後ますます活発になった地球科学にかかわる国際共同事業のさきがけでもある。IGY前後の本流の話は、温暖化の「発見」という主題にふさわしく、温室効果が地球の気候に影響を及ぼすほどの大きさをもっているかどうか、および、人類活動によって二酸化炭素がふえているかどうか、などの話題を中心に進む。

IGY以前がいわば前史で、十九世紀初めの熱伝導方程式や「フーリエ変換」で知られるフーリエから始まり、十九世紀末の酸と塩基の概念を示した化学者アレニウスや一九三〇年代の蒸気機関技術者でアマチュア気候研究者のカレンダーが登場する。温室効果が理解されはじめたころ、その背景はおもに氷河時代を説明することであり、人類の出している物質に関する関心はあったとしても断片的だった。

一方、IGY以後一九七〇年代までの話の主題は、地球温暖化というよりはむしろ、地球の気候がどの程度変わりやすいものなのか、また、それを変える可能性のあるプロセスにはどんなものがあるのかについての、人々の認識の変化である。つまり、いまで言う「気候システム」あるいは「地球システム（のうち表層の部分）」の概念ができてきた過程である。その中で、氷期の周期性や、煙霧が太陽の光をさえぎる効果が研究され、また一九六〇年代に北半球陸上の平均地上気温が下がったという背景もあって、寒冷化の可能性が科学者と大衆の両方の話題になっていたことがとりあげられている。だが、その後の筋書きは、寒冷化説が反証されて温暖化説が生き残ったというものではなく、また、寒冷化説は科学的でなかったというものでもない。気候システム的理解によれば、気候を変動させる要因には無視できないものがいくつもあるのだ。そして、寒冷化させる要因の存在を認めそれをも取りこんだ計算で、正味で気候を温暖化させる効果がまさるという定量的評価が得られたのだ。

一九八〇年ごろからまずオゾン層破壊問題で、それを追って温暖化問題で、科学と政治とが明らかに両方向の相互作用をするようになった。実はそれ以前からも科学と政治とのかかわりはある。気象学は戦争に利用され、またそれによって発達した。冷戦が研究を支えた面もある。この本はそういう相互関係を考えるたねを多く含んでいる。

ただし、この本で扱われている科学と政治とのかかわりの事例は、国連や国際的学術団体の活動を別とすると、アメリカ合衆国の場合に限られている。科学自体の話題も、ややアメリカ合衆国に偏っていると思われる。しかし、アメリカ合衆国は温室効果気体の排出量最大の国であり、またその国内政治は国際政治に大きな影響を与えている。ここで扱われる科学にとっても、第二次世界大戦後、研究費や研究活動の本拠地を提供したという意味で（そこで働いた科学者の出身国はさまざまなのだが）最大の貢献をした国だと言ってまちがいないだろう。だから、この本に書かれたことは、この主題の歴史を公平に代表したものではないが、その重要な部分を含んでいることは確かだ。

「地球温暖化の発見はあきらかに社会的生産物であり……」しかし「それを社会的生産物にすぎない、と呼ぶべきではない」（二四二―二四四ページ）という著者の立場は、科学が得た知識とはどういうものなのかという問いへのひとつの答えと言える。わたしなりに補足しておこう。人間の文化は多かれ少なかれ社会的活動だが、とくに科学は、複数の同業者が概念体系を相互に統一したうえで、具体的な事実認識に合意できるかを確かめていくというプロセスを含む。その合意は確かに社会的プロセスではあるが、現実世界に働きかけて得られた情報にもとづくものである。合意された知識は現実世界の真理を正しくとらえているとは限らないが、現象を説明するという意味で現実世界の特徴を反映したものである。したがって、温暖化は「でっちあげられた」あるいは「幻想された」のではなく「発見された」というべきなのだ。

この本の主題に関連することをさらに知りたい方のために、日本語で読める本をいくつか紹介しておこう。

・『謎解き・海洋と大気の物理』保坂直紀著、講談社ブルーバックス、二〇〇三年
　海洋の循環を主題とし、専門外の読者向けにわかりやすく書かれた解説。
・『気候変動』T・E・グレーデル、P・J・クルッツェン著、松野太郎監訳、塩谷雅人・田中教幸・向川均訳、日経サイエンス社、一九九七年
　大気成分の変化とその影響を重点に、地球史的過去から未来にわたる展望。
・『気候変動――多角的視点から』W・J・バローズ著、松野太郎監訳、大淵済・谷本陽一・向川均訳、シュプリンガー、二〇〇三年
　温暖化、エルニーニョ現象などを含む気候変動・変化の研究方法の入門教科書。
・『地球温暖化で何が起こるか』S・シュナイダー著、田中正之訳、草思社、一九九七年
　温暖化のしくみと影響の両方にわたる解説。
・『地球温暖化予測がわかる本』近藤洋輝著、成山堂書店、二〇〇三年
　IPCCの「科学的基礎」作業部会にかかわった立場から、その第三次報告の要旨およびその材料となった研究活動を紹介。
・『地球温暖化とその影響』内嶋善兵衛著、裳華房、一九九六年
　世界と日本の両スケールでの生態系、農業、人間社会への影響の展望。
・『地球環境問題とは何か』米本昌平著、岩波新書、一九九四年
　温暖化問題の政治的側面に関する多数の本のうちで、最新ではないが示唆に富むもの。

・『科学と社会のインターフェイス』成定薫著、平凡社、一九九四年
アメリカ合衆国の科学政策の歴史的考察、科学的知識と社会の関係についての複数の観点の紹介などを含む科学論集。

翻訳は熊井の草稿をもとに、増田が別に作っていた草稿を参照して熊井が修正し、さらに増田が点検するという手順で進めた。企画、段取り、訳語の検討をしてくださったみすず書房の市原加奈子さんに感謝する。

〈第三刷への追記〉
右に挙げた参考文献のリストについては、みすず書房ウェブサイトの本書のページ
https://www.msz.co.jp/book/detail/07134/
に二〇二一年一〇月にアップデートしたものも掲示している。

no. 24 (1999): 269, 276.

本文を振り返って

1. 参考文献リストは以下のアドレスを参照. http://www.aip.org/history/climate/bib.htm
2. Intergovernmental Panel on Climate Change, *Climate Change 2001 : The Scientific Basis. Contribution of Working Group I to the Third Assessment Report of the IPCC*, ed. J. T. Houghton et al. (Cambridge : Cambridge University Press, 2001), pp. 1, 6, 8, 13, インターネット上ではhttp://www.ipcc.ch/pub/reports.htm

第 8 章　発見の立証

1. 出版された調査結果は以下を含む．Stanley A. Chagnon et al., “Shifts in Perception of Climate Change : A Delphi Experiment Revisited,” *Bulletin of the American Meteorological Society* 73, no. 10 (1992): 1623–1627, and David H. Slade, “A Survey of Informal Opinion Regarding the Nature and Reality of a ‘Global Greenhouse Warming’,” *Climatic Change* 16 (1990): 1–4.
2. Frederick Seitz, ed., *Global Warming Update: Recent Scientific Findings* (Washington, D. C.: George C. Marshall Institute, 1992), p. 28.
3. L. Roberts, “Global Warming : Blaming the Sun,” *Science* 246 (1989): 992–993.
4. Robert Lichter, “A Study of National Media Coverage of Global Climate Change 1985–1991” (Washington, D. C.: Center for Science, Technology & Media, 1992).
5. *New York Time*s, April 19, 1990, p. B4.
6. Tom M. L. Wigley, “Outlook Becoming Hazier,” *Nature* 369 (1994): 709–710.
7. Intergovernmental Panel on Climate Change, *Climate Change 1995 : The Science of Climate Change*, ed. J. T. Houghton et al. (Cambridge : Cambridge University Press, 1996), インターネット上ではhttp://www.ipcc.ch/pub/reports.htm〔日本語版は「地球温暖化の実態と見通し」，大蔵省印刷局〕; Richard A. Kerr, “It's Official : First Glimmer of Greenhouse Warming Seen,” *Science* 270 (1995): 1565–1567. Intergovernmental Panel, Climate Change 1995, p. 5〔日本語版 p. 5〕.
8. Wigley and P. M. Kelly, “Holocene Climatic Change, ^{14}C Wiggles and Variations in Solar Irradiance,” *Philosophical Transactions of the Royal Society of London* A330 (1990): 558.
9. Wallace S. Broecker, “Thermohaline Circulation, the Achilles Heel of Our Climate System: Will Man-Made CO_2 Upset the Current Balance?” *Science* 278 (1997): 1582–1588.
10. Intergovernmental Panel, *Climate Change* 1995, p. 7.
11. Intergovernmental Panel, *Climate Change 2001 : The Scientific Basis. Contribution of Working Group I to the Third Assessment Report of the IPCC*, ed. J. T. Houghton et al. (Cambridge : Cambridge University Press, 2001), インターネット上では http://www.ipcc.ch/pub/reports.htm
12. Broecker, “Thermohaline Circulation,” p. 1586.
13. ”Beyond the Hague,” *Economist*, 2 Dec. 2000, p. 20 ; p. 61も参照.
14. John Immerwahr, *Waiting for a Signal : Public Attitudes toward Global Warming, the Environment and Geophysical Research* (New York : Public Agenda, 1999), インターネット上ではhttp://Earth.agu.org/sci_soc/sci_soc.html ; 要約はRandy Showstock, “Report Suggests Some Public Attitudes about Geophysical and Environmental Issues,” *Eos, Transactions of the American Geophysical Union* 80,

14. R. O. Reid et al., *Numerical Models of World Ocean Circulation* (Washington, D. C.: National Academy of Sciences, 1975), p. 3.
15. James E. Hansen et al., “Climate Response Times : Dependence on Climate Sensitivity and Ocean Mixing,” *Science* 229 (1985): 857–859.
16. W. Dansgaard et al., “A New Greenland Deep Ice Core,” *Science* 218 (1982): 1273.
17. U. Siegenthaler et al., “Lake Sediments as Continental Delta O18 Records from the Glacial/Post–Glacial Transition,” *Annals of Glaciology* 5 (1984): 149.
18. Broecker, “The Biggest Chill,” *Natural History*, Oct. 1987, 74–82, p. 87 ; Broecker et al., “Does the Ocean-Atmosphere System Have More Than One Stable Mode of Operation?” Nature 315 (1985): 21–25.
19. Broecker, “The Biggest Chill,” p. 82.

第 7 章　政治の世界に入り込む

1. Albert Gore, Jr., *Earth in the Balance : Ecology and the Human Spirit* (Boston: Houghton Mifflin, 1992)〔邦訳『地球の掟：文明と環境のバランスを求めて』小杉隆訳　ダイヤモンド社〕, pp. 4–6.
2. Robert G. Fleagle, “The U.S. Government Response to Global Change : Analysis and Appraisal,” *Climatic Change* 20 (1992): 72.
3. James E. Jensen, “An Unholy Trinity: Science, Politics and the Press” (unpublished talk), 1990.
4. Aug. 22, 1981, p. 1, and Aug. 29, 1981, p. 22.
5. National Academy of Sciences, Carbon Dioxide Assessment Committee, *Changing Climate* (Washington, D. C.: National Academy of Sciences, 1983), p. 3.
6. Stephen Seidel and Dale Keyes, *Can We Delay a Greenhouse Warming?* (Washington, D. C.: Environmental Protection Agency, 2nd ed., 1983), pp. ix, 7 (of sect. 7).
7. Bert Bolin et al., eds., *The Greenhouse Effect, Climatic Change, and Ecosystems. SCOPE Report No. 29.* (Chichester : John Wiley, 1986), pp. xx–xxi.
8. Jonathan Weiner, *The Next One Hundred Years: Shaping the Fate of Our Living Earth* (New York : Bantam, 1990), p. 79.
9. Stephen H. Schneider, “An International Program on ‘Global Change’: Can It Endure?” *Climatic Change* 10 (1987): 215.
10. *New York Times*, 24 June 1988, p. 1.
11. Spencer R. Weart, *Never at War : Why Democracies Will Not Fight One Another* (New Haven : Yale University Press, 1998), p. 265.

1980, USORC. 80APR1. R3M. データの提供は Roper Center for Public Opinion Research, Storrs, Conn.

第 6 章　気まぐれな獣

1. Address by Lorenz to the American Association for the Advancement of Science, Washington, D. C., Dec. 29, 1979〔この講演要旨の日本語訳は『ローレンツ　カオスのエッセンス』(E. N. Lorenz著　杉山勝，杉山智子訳　共立出版）に収録されている〕.
2. James E. Hansen et al., “Climate Impact of Increasing Atmospheric Carbon Dioxide,” *Science* 213 (1981): 961.
3. National Academy of Sciences, Climate Research Board, *Carbon Dioxide and Climate : A Scientific Assessment* (Washington, D. C.: National Academy of Sciences, 1979), p. 2.
4. Hansen, “Climate Impact,” p. 957 ; Roland A. Madden and V. Ramanathan, “Detecting Climate Change Due to Increasing Carbon Dioxide,” *Science* 209 (1980): 763–768.
5. Stephen H. Schneider, “Introduction to Climate Modeling,” in *Climate System Modeling*, ed. Kevin E. Trenberth (Cambridge : Cambridge University Press, 1992), p. 26.
6. Wallace S. Broecker, “Climatic Change: Are We on the Brink of a Pronounced Global Warming?” *Science* 189 (1975): 460–464.
7. Hans E. Suess, “Climatic Changes, Solar Activity, and the Cosmic-Ray Production Rate of Natural Radiocarbon,” *Meteorological Monographs* 8, no. 30 (1968): 146.
8. R. E. Dickinson, “Solar Variability and the Lower Atmosphere,” *Bulletin of the American Meteorological Society* 56 (1975): 1240–1248.
9. EddyへのWeartによるインタビュー，April 1999, American Institute of Physics, College Park, Md.
10. Jack A. Eddy, “Historical Evidence for the Existence of the Solar Cycle,” in *The Solar Output and Its Variation*, ed. Oran R. White (Boulder, Colo.: Colorado Associated University Press, 1977), p. 69.
11. Raymond S. Bradley, *Quaternary Paleoclimatology: Methods of Paleoclimatic Reconstruction* (Boston : Allen & Unwin, 1985), p. 69.
12. National Academy of Sciences, United States Committee for the Global Atmospheric Research Program (GARP), *Understanding Climatic Change : A Program for Action* (Washington, D. C.: National Academy of Sciences, 1975), p. 4.
13. Kirk Bryan, “Climate and the Ocean Circulation. III. The Ocean Model,” *Monthly Weather Review* 97 (1969): 822.

田朗訳　みすず書房〕, p. 134.
7. John Gribbin, “Man's Influence Not Yet Felt by Climate,” *Nature* 264（1976）: 608 ; B. J. Mason, “Has the Weather Gone Mad?” *The New Republic*, 30 July 1977, pp. 21–23.
8. Reid A. Bryson and Thomas J. Murray, *Climates of Hunger: Mankind and the World's Changing Weather*（Madison : University of Wisconsin Press, 1977）〔邦訳『飢えを呼ぶ気候：人類と気候変動』根本順吉，見角鋭二訳　古今書院〕.
9. Stephen H. Schneider with Lynne E. Mesirow, *The Genesis Strategy : Climate and Global Survival*（New York : Plenum Press, 1976）, 特に chap. 3.
10. Gerald Stanhill, “Climate Change Science Is Now Big Science,” *Eos, Transactions of the American Geophysical Union* 80, no. 35（1999）: 396（from graph）.
11. National Academy of Sciences, Committee on Atmospheric Sciences, Panel on Weather and Climate Modification, *Weather and Climate Modification : Problems and Prospects*. 2 vols.（Washington, D. C.: National Academy of Sciences, 1966）, vol. 1, p. 11.
12. たとえば，E. P. Stebbing, “The Encroaching Sahara : The Threat to the West African Colonies,” *Geographical J.* 85（1935）: 523.
13. Charles D. Keeling, “The Carbon Dioxide Cycle: Reservoir Models to Depict the Exchange of Atmospheric Carbon Dioxide with the Ocean and Land Plants,” in *Chemistry of the Lower Atmosphere*, ed. S. I. Rasool（New York : Plenum, 1973）, p. 320.
14. 同上，p. 279.
15. George M. Woodwell, “The Carbon Dioxide Question,” *Scientific American*, Jan. 1978, p. 43.
16. Wallace S. Broecker et al., “Fate of Fossil Fuel Carbon Dioxide and the Global Carbon Budget,” *Science* 206（1979）: 409, 417.
17. Joseph Smagorinsky, “Numerical Simulation of the Global Circulation,” in *Global Circulation of the Atmosphere*, ed. G. A. Corby（London : Royal Meteorological Society, 1970）, p. 33.
18. Broeckerへの，Weartによるインタビュー，Nov. 1997, American Institute of Physics, College Park, Md.
19. P. H. Abelson, “Energy and Climate,” *Science* 197（1977）: 941.
20. ”CO_2 Pollution May Change the Fuel Mix,” *Business Week*, 8 Aug. 1977, p. 25 ; “The World's Climate Is Getting Worse,” *Business Week*, 2 Aug. 1976, p. 49.
21. The “Charney report,” National Academy of Sciences, Climate Research Board, *Carbon Dioxide and Climate: A Scientific Assessment*（Washington, D. C.: National Academy of Sciences, 1979）, pp. 2, 3 ; Nicholas Wade, “CO_2 in Climate : Gloomsday Predictions Have No Fault,” *Science* 206（1979）: 912–913.
22. Opinion Research Corporation polls, May 1981, USORC. 81MAY. R22 と April

12. Christian E. Junge, "Atmospheric Chemistry," *Advances in Geophysics* 5 (1958): 95.
13. Mitchell, "A Preliminary Evaluation of Atmospheric Pollution as a Cause of the Global Temperature Fluctuation of the Past Century," in *Global Effects of Environmental Pollution*, ed. S. Fred Singer (New York : Springer-Verlag, 1970), p. 153.
14. S. Ichtiaque Rasool and Stephen H. Schneider, "Atmospheric Carbon Dioxide and Aerosols : Effects of Large Increases on Global Climate," *Science* 173 (1971): 138.
15. G. D. Robinson, "Review of Climate Models," in *Man's Impact on the Climate* [Study of Critical Environmental Problems (SCEP) Report], ed. William H. Matthews et al. (Cambridge, Mass.: MIT Press, 1971), p. 214.
16. Mikhail I. Budyko, "The Effect of Solar Radiation Variations on the Climate of the Earth," *Tellus* 21 (1969): 618.
17. William D. Sellers, "A Global Climatic Model Based on the Energy Balance of the Earth-Atmosphere System," *J. Applied Meteorology* 8 (1969): 392.
18. Andrew P. Ingersoll, "The Runaway Greenhouse: A History of Water on Venus," *J. Atmospheric Sciences* 26 (1969): 1191–1198; S. Ichtiaque Rasool and Catheryn de Bergh, "The Runaway Greenhouse and the Accumulation of CO_2 in the Venus Atmosphere," *Nature* 226 (1970): 1037–1039.
19. Owen B. Toon et al., "Climatic Change on Mars and Earth," in *Proceedings of the WMO/IAMAP Symposium on Long-Term Climatic Fluctuations, Norwich, Aug. 1975* (WMO Doc. 421) (Geneva : World Meteorological Organization, 1975), p. 495.

第 5 章　大衆への警告

1. William A. Reiners, "Terrestrial Detritus and the Carbon Cycle," in *Carbon and the Biosphere*, ed. George M. Woodwell and Erene V. Pecan (Washington, D. C.: Atomic Energy Commission [National Technical Information Service, CONF-7502510], 1973), p. 327.
2. Tom Alexander, "Ominous Changes in the World's Weather," *Fortune*, Feb. 1974, p. 92.
3. "Another Ice Age?", *Time* 26 June 1974, p. 86.
4. G. S. Benton quoted in *New York Times*, April 30, 1970.
5. Lowell Ponte, *The Cooling* (Englewood Cliffs, N. J.: Prentice-Hall, 1976), pp. 234–235.
6. "The Weather Machine," BBC-television and WNET. この番組はBBCテレビとWNETにて放映後，増補のうえ以下の本として出版された．Nigel Calder, The Weather Machine (New York : Viking, 1975)〔邦訳『ウェザー・マシーン』原

International Union for Quaternary Research, vol. 5, 1965), *Meteorological Monographs* 8, no. 30 (1968): 157–158.

25. Hubert H. Lamb, "Climatic Fluctuations," in *General Climatology*, ed. H. Flohn (Amsterdam : Elsevier, 1969), p. 178.

第 4 章　目に見える脅威

1. Reid A. Bryson and Wayne M. Wendland, "Climatic Effects of Atmospheric Pollution," in *Global Effects of Environmental Pollution*, ed. S. F. Singer (New York : Springer-Verlag, 1970), p. 137.
2. J. Murray Mitchell, Jr., "Recent Secular Changes of Global Temperature," *Annals of the New York Academy of Sciences* 95 (1961): 247.
3. SCEP (Study of Critical Environmental Problems), *Man's Impact on the Global Environment. Assessment and Recommendation for Action* (Cambridge, Mass.: MIT Press, 1970), p. 12.
4. Carroll L. Wilson and William H. Matthews, eds., *Inadvertent Climate Modification. Report of Conference, Study of Man's Impact on Climate (SMIC), Stockholm* (Cambridge, Mass.: MIT Press, 1971), pp. 129, v.
5. David A. Barreis and Reid A. Bryson, "Climatic Episodes and the Dating of the Mississippian Cultures," *Wisconsin Archeologist*, Dec. 1965, p. 204.
6. Bryson, "A Perspective on Climatic Change," *Science* 184 (1974): 753–760 ; Bryson et al., "The Character of Late-Glacial and Postglacial Climatic Changes (Symposium, 1968)," in *Pleistocene and Recent Environments of the Central Great Plains (University of Kansas Department of Geology, Special Publication)*, ed. Wakefield Dort, Jr. and J. Knox Jones, Jr. (Lawrence: University of Kansas Press, 1970), p. 72 ; W. M. Wendland and Bryson, "Dating Climatic Episodes of the Holocene," *Quaternary Research* 4 (1974): 9–24.
7. Richard B. Alley, *The Two-Mile Time Machine* (Princeton, N.J.: Princeton University Press, 2000); Paul A. Mayewski and Frank White, *The Ice Chronicles : The Quest to Understand Global Climate Change* (Hanover, N. H.: University Press of New England, 2002).
8. Mitchell, "The Natural Breakdown of the Present Interglacial and Its Possible Intervention by Human Activities," *Quaternary Research* 2 (1972): 437–438.
9. W. Dansgaard et al., "Speculations about the Next Glaciation," *Quaternary Research* 2 (1972): 396.
10. Johannes Weertman, "Stability of the Junction of an Ice Sheet and an Ice Shelf," *J. Glaciology* 13 (1974): 3.
11. George J. Kukla and R. K. Matthews, "When Will the Present Interglacial End?" *Science* 178 (1972): 190–191.

vol. 1, p. 10.

7. President's Science Advisory Committee, *Restoring the Quality of Our Environment. Report of the Environmental Pollution Panel* (Washington, D. C.: The White House, 1965), p. 26.
8. National Academy of Sciences, *Weather and Climate Modification*, vol. 1, pp. 16, 20.
9. Cesare Emiliani, "Ancient Temperatures," *Scientific American*, Feb. 1958, p. 54.
10. Kenneth J. Hsü, *Challenger at Sea : A Ship That Revolutionized Earth Science* (Princeton, N. J.: Princeton University Press, 1992)〔邦訳『地球科学に革命を起こした船：グローマー・チャレンジャー号』高柳洋吉訳　東海大学出版会〕, pp. 30–32, 220.
11. Wallace S. Broecker, "In Defense of the Astronomical Theory of Glaciation," *Meteorological Monographs* 8, no. 30 (1968): 139.
12. Broecker et al., "Milankovitch Hypothesis Supported by Precise Dating of Coral Reef and Deep-Sea Sediments," *Science* 159 (1968): 300.
13. C. E. P. Brooks, "The Problem of Mild Polar Climates," *Quarterly J. Royal Meteorological Society* 51 (1925): 90–91.
14. David B. Ericson et al., "Late-Pleistocene Climates and Deep-Sea Sediments," *Science* 124 (1956), p. 388.
15. Broecker, "Application of Radiocarbon to Oceanography and Climate Chronology." PhD Thesis, Columbia University, 1957, pp. V–9.
16. Harry Wexler, "Variations in Insolation, General Circulation and Climate," Tellus 8 (1956): 480.
17. Broeckerへの，Weartによるインタビュー，Nov. 1997, American Institute of Physics, College Park, Md.
18. Lewis F. Richardson, *Weather Prediction by Numerical Process* (Cambridge : Cambridge University Press, 1922 ; rpt. New York : Dover, 1965), pp. 219, ix.
19. Jule G. Charney et al., "Numerical Integration of the Barotropic Vorticity Equation," *Tellus* 2 (1950): 245.
20. C.-G. Rossby, "Current Problems in Meteorology," in *The Atmosphere and the Sea in Motion*, ed. Bert Bolin (New York : Rockefeller Institute Press, 1959), p. 30.
21. Norbert Wiener, "Nonlinear Prediction and Dynamics," in *Proceedings of the Third Berkeley Symposium on Mathematical Statistics and Probability*, ed. Jerzey Neyman (Berkeley : University of California Press, 1956), p. 247.
22. Edward N. Lorenz, "Deterministic Nonperiodic Flow," *J. Atmospheric Sciences* 20 (1963): 130, 141.
23. Lorenz, "Climatic Determinism," *Meteorological Monographs* 8 (1968): 3.
24. J. Murray Mitchell, "Concluding Remarks"［会議の場でのRevelleによるまとめに基づく］, in Mitchell, "Causes of Climatic Change" (*Proceedings*, VII Congress,

Physics, College Park, Md.
3. G. N. Plass, "Carbon Dioxide and the Climate," *American Scientist* 44 (1956): 302–316.
4. Roger Revelle, "The Oceans and the Earth," American Association for the Advancement of Sciences symposiumでの講演, Dec. 27, 1955, typescript, folder 66, Box 28, Revelle Papers MC6, Scripps Institution of Oceanography archives, La Jolla, Calif.
5. Roger Revelle and Hans E. Suess, "Carbon Dioxide Exchange between Atmosphere and Ocean and the Question of an Increase of Atmospheric CO_2 During the Past Decades," *Tellus* 9 (1957): 18–27.
6. Clark A. Miller, "Scientific Internationalism in American Foreign Policy: The Case of Meteorology, 1947–1958," in *Changing the Atmosphere. Expert Knowledge and Environmental Governance*, ed. Clark A. Miller and Paul N. Edwards (Cambridge, Mass.: MIT Press, 2001), p. 171 ほか.
7. J. A. Eddyへの，Weartによるインタビュー，April 1999, American Institute of Physics, College Park, Md., p. 4.
8. C. C. Wallén, "Aims and Methods in Studies of Climatic Fluctuations," in *Changes of Climate. Proceedings of the Rome Symposium Organized by UNESCO and the World Meteorological Organization*, 1961 (UNESCO Arid Zone Research Series, 20) (Paris : UNESCO, 1963), p. 467.
9. Roger Revelleへの，Earl Droesslerによるインタビュー, Feb. 1989, American Institute of Physics, College Park, Md.
10. Charles D. Keeling, "The Concentration and Isotopic Abundances of Carbon Dioxide in the Atmosphere," *Tellus* 12 (1960): 200–203.

第 3 章　微妙なシステム

1. Jhan and June Robbins, "100 Years of Warmer Weather," *Science Digest*, Feb. 1956, p. 83.
2. Helmut Landsberg, reported in the *New York Times*, Feb. 15, 1959.
3. United States Congress (85 : 2), House of Representatives, Committee on Appropriations, *Report on the International Geophysical Year* (Washington, D. C.: Government Printing Office, 1957), pp. 104–106.
4. J. Gordon Cook, Our Astonishing Atmosphere (New York : Dial, 1957), p. 121.
5. The Conservation Foundation, *Implications of Rising Carbon Dioxide Content of the Atmosphere* (New York : The Conservation Foundation, 1963).
6. National Academy of Sciences, Committee on Atmospheric Sciences Panel on Weather and Climate Modification, *Weather and Climate Modification : Problems and Prospects*. 2 vols. (Washington, D. C.: National Academy of Sciences, 1966),

原　注

参考文献リストの完全版は http://www.aip.org/history/climateを参照のこと．

第 1 章　気候はいかにして変わりうるのか？

1. "Warmer World," *Time*, 2 Jan. 1939, p. 27.
2. Albert Abarbanel and Thomas McCluskey, "Is the World Getting Warmer?" *Saturday Evening Post*, 1 July 1950, p. 63.
3. "Warmer World," p. 27.
4. G. S. Callendar, "The Artificial Production of Carbon Dioxide and Its Influence on Climate," *Quarterly J. Royal Meteorological Society* 64 (1938): 223–240.
5. John Tyndall, "Further Researches on the Absorption and Radiation of Heat by Gaseous Matter" (1862), in Tyndall, *Contributions to Molecular Physics in the Domain of Radiant Heat* (New York : Appleton, 1873), p. 117.
6. John Tyndall, "On Radiation through the Earth's Atmosphere," *Philosophical Magazine* ser. 4, 25 (1863): 204–205.
7. Athelstan Spilhausへの，Ron Doelによるインタビュー，November 1989, American Institute of Physics, College Park, Md.
8. H. Lamb quoted in Tom Alexander, "Ominous Changes in the World's Weather," *Fortune*, Feb. 1974, p. 90.
9. William Joseph Baxter, *Today's Revolution in Weather* (New York : International Economic Research Bureau, 1953), p. 69.
10. Thomas C. Chamberlin, "On a Possible Reversal of Deep-Sea Circulation and Its Influence on Geologic Climates," *J. Geology* 14 (1906): 371.
11. James R. Fleming, *Historical Perspectives on Climate Change* (New York : Oxford University Press, 1998), chaps. 2–4.
12. Hubert H. Lamb, *Through All the Changing Scenes of Life : A Meteorologist's Tale* (Norfolk, UK: Taverner, 1997), pp. 192–193.

第 2 章　可能性を発見

1. C.-G. Rossby, "Current Problems in Meteorology," in *The Atmosphere and the Sea in Motion*, ed. Bert Bolin (New York : Rockefeller Institute Press, 1959), p. 15.
2. PlassへのWeartによるインタビュー，14 March 1996, American Institute of

http://www.nap.edu/
　ナショナル・アカデミー・プレス（米国科学アカデミー出版部）．多くの重要な報告書を含む．

http://www.cnie.org/nle/crsreports/climate/
　米国連邦議会調査サービスの報告書．

http://www.pewclimate.org/
　ピュー気候変化センター．ニュースおよび政策関連の報告書あり．

http://www.wri.org/climate/
　世界資源研究所（環境保護主義の主流派）．気候関係のリンク一覧も有益．

http://www.safeclimate.net/
　「あなたにできること」を教えるサイト．

http://www.globalwarming.org/
　産業界の資金提供によるサイト．IPCCの合意への反論を含む．

http://www.marshall.org/
　マーシャル研究所．IPCCの合意への反論．

http://www.greenpeace.org/~climate/
　環境保護団体．情報および活動計画．

http://www.environmentaldefense.org/
　環境保護団体．情報および活動計画．

knowledge and environmental governance. Cambridge, MA : MIT Press.

Nebeker, Frederik. 1995. *Calculating the weather : Meteorology in the 20th century*. New York : Academic Press.

O'Riordan, Tim, and Jill Jäger. 1996. "The history of climate change science and politics." In *Politics of climate change : A European perspective*, edited by T. O'Riordan and J. Jäger. London: Routledge.

Rodhe, Henning, and Robert Charlson, eds. 1998. *The Legacy of Svante Arrhenius. Understanding the Greenhouse Effect*. Stockholm : Royal Swedish Academy of Sciences.

Schneider, Stephen H., and Randi Londer. 1984. *The Co-evolution of climate and life*. San Francisco : Sierra Club Books.

Stevens, William K. 1999. *The change in the weather. People, weather and the science of climate*. New York : Delacorte Press.

ウェブサイト

地球規模の気候変化に関する現代の研究は，科学的なものも政治的なものも，速い流れの中で変化している．大部分の新聞，ニュース雑誌，テレビのニュース番組は情報源としては非常に不向きだ．良い本はたくさんある．上に挙げたHoughtonの著書は，本書の執筆時点では全体の概要を短くまとめた本としておそらく最高のものだが，すでに内容が古くなりかけている．さらに深く知るためには，IPCCや米国科学アカデミーなど，科学者の総意に基づいて活動する団体がインターネット上で公開している報告がある．現時点で参考にする価値のあるサイトの一部は次のとおり〔2005/02/01現在〕：

http://www.ngdc.noaa.gov/paleo/
　NOAAの気候学に関するサイト．地球温暖化と古気候の教材，データ，写真などがある．

http://www.gcrio.org/
　米国政府が提供している地球環境変動研究の情報サイト．基本的な質問に対する答えが載っている．

http://www.usgcrp.gov/
　米国政府の省庁横断的研究プログラム．

http://globalchange.gov/
　上記サイトのニュース記事．

http://www.usgcrp.gov/usgcrp/nacc/
　同じく上記サイトの影響評価に関する報告．

http://www.ipcc.ch/
　IPCCのサイト．報告書を含む．

参考文献

本書で取り上げた歴史をさらに深く学ぶためには，まずはもちろん，本書のおよそ三倍もの資料が掲載されている私のウェブサイトをお勧めする．アドレスは以下のとおり：

http://www.aip.org/history/climate

以下に挙げる書籍および解説も推薦するが，少々ご注意いただきたい点がある．そもそも気候科学の歴史について書かれたものはあまり多くない．そのうちでプロの歴史家によって書かれた作品はほとんどなく，そういうものは数多くある専門テーマのうちのいずれか一つのみを取り上げたものが大部分である．科学者による評論は専門的だが，たいてい正確だ．ジャーナリストの著作は読みやすいものの，すべて信頼できる情報とは限らない．本書の参考文献リストの完全版は私のウェブサイトにあり，とくに原著論文についてはそちらに詳しく記されている．

Christianson, Gale E. 1999. *Greenhouse: The 200-year story of global warming*. New York : Walker.

Edwards, Paul N. 2000. "A brief history of atmospheric general circulation modeling." In *General circulation model development*, edited by D. A. Randall. San Diego, CA : Academic Press.

Fleagle, Robert G. 1992. "From the International Geophysical Year to global change." *Reviews of Geophysics* 30 : 305–13.

Fleming, James R. 1998. *Historical perspectives on climate change*. New York: Oxford University Press.

Handel, Mark David, and James S. Risbey. 1992. "An annotated bibliography on the greenhouse effect and climate change." *Climatic Change* 21 : 97–255.

Houghton, John. 1997. *Global warming : The complete briefing*. Cambridge : Cambridge University Press. 2nd ed.

Imbrie, John, and Katherine Palmer Imbrie. 1986. Ice ages : *Solving the mystery*. Rev. ed. Cambridge, MA : Harvard University Press.〔初版（1979）の邦訳『氷河時代の謎をとく』小泉格訳　岩波書店〕

Kellogg, William W. 1987. "Mankind's impact on climate : The evolution of an awareness." Climatic Change 10 : 113–36.

Miller, Clark A., and Paul N. Edwards, eds. 2001. *Changing the atmosphere. Expert*

レヴェル，ロジャー　Revelle, Roger　39-43, 46, 48-53, 58, 83, 116, 180-181
レーガン，ロナルド　Reagan, Ronald　181, 183, 193, 210
連邦議会　53, 90, 123, 125, 161, 181, 184, 189, 218
ローランド，シャーウッド　Rowland, Sherwood　160-162
ローレンス・リヴァモア国立研究所　214
ローレンツ，エドワード　Lorenz, Edward　81-82, 85, 150-151
ロスビー，カール＝グスタフ　Rossby, Carl-Gustav　31-32, 74, 76, 79
ロバーツ，ウォルター・オーア　Roberts, Walter Orr　86, 90-91, 169

ワ　行

ワース，ティモシー　Wirth, Timothy　195
ワイル，ピーター　Weyl, Peter　84
ワシントン，ウォーレン　Washington, Warren　138, 173

マ　行

ヤ　行

ラ　行

タ　行

ナ　行

サ　行

索引

著者略歴

(Spencer R. Weart)

科学史家．アメリカ物理学協会・物理学史センター長．1942年生まれ．1963年に宇宙物理学を専門として博士号を取得後，カリフォルニア工科大学のフェローとしてウィルソン山天文台で研究に従事．1971年からは科学史の分野に転向し，カリフォルニア大学バークレー校の歴史学科に籍を移す．1974年から現職．著書に，*Scientists in Power*（1979），*Leo Szilard: His Version of the Facts*（1980，編著）〔邦訳『シラードの証言』，みすず書房，1982〕，*History of Physics*（1985，共著）〔邦訳『歴史をつくった科学者たち』〈1，2〉丸善，1989〕，*Nuclear Fear: A History of Images*（1988），*Out of the Crystal Maze: Chapters from the History of Solid State Physics*（1992，編著），ほか多数．

訳者略歴

増田耕一〈ますだ・こういち〉1957年生まれ．専門は大気水圏科学，とくに全地球規模のエネルギーと水の循環．東京大学理学部地球物理学教室助手，東京都立大学理学部地理学教室助教授を経て，現在，海洋研究開発機構地球環境フロンティア研究センター水循環プログラムサブリーダー，慶応義塾大学環境情報学部非常勤講師．著書に（いずれも部分を分担執筆），『図説環境科学』（朝倉書店，1994），『気候変動論』（岩波書店，1996），『GIS–地理学への貢献』（古今書院，2001），『第四紀学』（朝倉書店，2003）．

熊井ひろ美〈くまい・ひろみ〉翻訳者．訳書に，キャメロン・マケイブ『編集室の床に落ちた顔』（国書刊行会，1999），アン・サイモン『Xーファイルに潜むサイエンス』（文一総合出版，2002），ニック・トーシュ『ダンテの遺稿』（早川書房，2003），マレー・ウォルドマン＆マージョリー・ラム『ハンバーガーに殺される』（不空社，2004）などがある．

スペンサー・R・ワート
温暖化の〈発見〉とは何か
増田耕一
熊井ひろ美
共訳

2005年3月15日　第1刷発行
2021年11月15日　第3刷発行

発行所　株式会社 みすず書房
〒113-0033　東京都文京区本郷2丁目20-7
電話　03-3814-0131(営業)　03-3815-9181(編集)
www.msz.co.jp

本文印刷所　シナノ
扉・表紙・カバー印刷所　リヒトプランニング
製本所　誠製本

Printed in Japan
ISBN 4-622-07134-7
[おんだんかのはっけんとはなにか]